SOMMAIRE

À la mémoire de nos grands-parents,
Claude-Rose Touati et Raymond Harris

AVANT-PROPOS

« J'espère donc que vous accepterez la nature
telle qu'Elle est : absurde. »

RICHARD FEYNMAN (1918-1988)

Une invitation au voyage

Compter les étoiles et se demander pourquoi elles scintillent, s'émerveiller des couleurs irisées d'une bulle de savon, écouter le déchaînement de la foudre et le rugissement d'une cascade... Ces moments de fascination et d'incompréhension vous rappellent sûrement votre enfance. Durant nos jeunes années, nous apprenons à observer et à comprendre la nature pour mieux interagir avec elle. L'activité du physicien n'est pas différente : explorateur né et enfant pour la vie, il se laisse guider par sa curiosité du monde.

La prudence est cependant de mise dans sa quête. Les fausses routes sont multiples, car ce que nous apprenons par la méthode scientifique diffère souvent profondément de ce que nous percevons de la réalité. Comment imaginer que la Terre est ronde avant de la parcourir ? Comment imaginer que l'air est rempli d'une myriade de particules, avant de les voir ? Avant de trouver le chemin des origines, comment imaginer que l'Univers observable eût pu tenir dans une main ? Pour reprendre les mots du philosophe des sciences Gaston Bachelard, la physique est l'art de penser « contre notre cerveau », de faire coexister dans notre esprit une idée et les preuves de son contraire.

Un exemple frappant est celui de la chute libre. Notre expérience quotidienne nous porte à croire que les choses lourdes tombent plus vite que les choses légères. Cette impression trompeuse, aussi inoffensive qu'elle puisse paraître, marque le commencement d'une des plus belles aventures de l'histoire des sciences : celle de la relativité. Dans ce livre, nous vous proposons de la découvrir à travers un grand voyage, qui vous fera naviguer entre les époques et sillonner les contrées les plus exotiques du cosmos. Comme seuls bagages, emportez votre imagination et votre émerveillement ; ils vous seront indispensables pour apprécier les principes étranges qui régissent l'Univers.

À propos de ce livre

L'objectif principal de cet ouvrage est d'expliquer la relativité dans un langage aussi simple que possible, de présenter les grandes questions auxquelles elle répond, sans oublier celles qu'elle laisse en suspens.

Le livre se divise en quatre grandes parties. Les deux premières introduisent les deux grands pans de la théorie : la relativité restreinte et la relativité générale. Les deux suivantes abordent les grands succès auxquels cette théorie a permis d'aboutir : la compréhension de l'Univers et de son histoire, et la découverte d'impensables phénomènes tels que les trous noirs et les ondes gravitationnelles.

De la notion d'espace-temps à celle de courbure, de la physique des particules à celle des ondes, nous aurons besoin de nombreux outils pour décortiquer les tenants et aboutissants de la relativité. Tous ces outils seront prudemment introduits, et de nombreuses illustrations et schémas viendront éclairer les explications.

Nous avons aussi pour objectif de présenter la relativité comme une théorie vivante, dans le sens où elle ne s'est pas faite en un jour, et est l'œuvre de nombreux hommes et femmes de science. Au-delà de rendre la lecture plus agréable, nous pensons sincèrement qu'il s'agit de l'enjeu principal de tout récit de science : replacer les découvertes scientifiques dans un contexte historique et humain, et montrer que l'hésitation et la controverse sont au moins aussi présentes que la certitude et l'harmonie.

Les nombreux personnages qui composent ce récit ne doivent cependant pas éclipser son réel protagoniste : vous, le lecteur. En vous confrontant à la réalité – parfois dérangeante, mais toujours renversante – de la relativité, vous faites réellement l'expérience de la science. Nous vous invitons donc à vous approprier ce texte, à le questionner, à accepter le doute et parfois l'incompréhension. À vaincre sans péril, on triomphe sans gloire : si la réalité était limpide, elle serait bien plus fade.

Bonne lecture, ou plutôt bon voyage !

PREMIÈRE PARTIE

LA RÉVOLUTION DE L'ESPACE-TEMPS

« Le temps nous est compté,
dit la sagesse populaire.
Oui, mais en quelle monnaie ? »

ALBERT EINSTEIN

Lorsque l'on cherche à comprendre la nature, mieux vaut éviter les conclusions hâtives : Lord Kelvin le sait mieux que quiconque. Le physicien anglais, dont le nom s'est immortalisé en une unité de température, mit en garde sa communauté lors d'un discours prononcé devant l'Institution royale de Londres :

« Dans le ciel azuré de la physique subsistent deux nuages d'incompréhension pour obscurcir la clarté. »

Drapés dans leurs certitudes, les contemporains de Kelvin étaient loin de se douter que la physique classique, celle qu'ils avaient échafaudée, était au bord du gouffre. Il suffit de cinq petites années et du génie d'un jeune Albert Einstein pour que ces deux « nuages » deviennent, quasi simultanément, deux orages foudroyants… et les points de départ des deux grandes théories de la

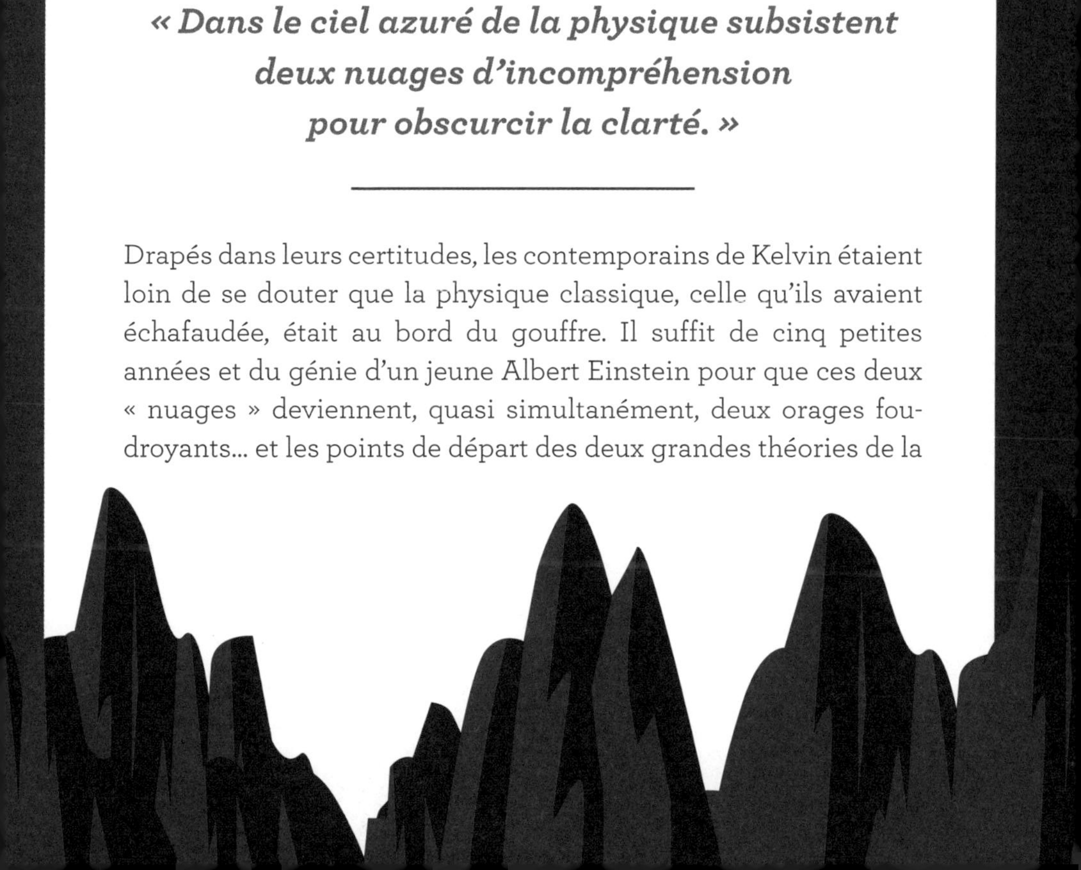

physique *moderne* ! La première, c'est la théorie quantique, celle qui décrit le monde de l'infiniment petit. La seconde, c'est la théorie de la relativité, celle qui décrit la nature de l'espace, du temps et de la gravité – celle que vous allez découvrir.

Dans cette première partie, nous vous proposons d'effectuer un pas en arrière pour comprendre ce qui a pu mener au coup de théâtre scientifique marquant ce début de XXe siècle. De la naissance de la physique classique avec Galilée au XVIIe siècle jusqu'à son âge d'or au XVIIIe siècle avec Newton ; des premiers « nuages » qui la firent vaciller au XIXe siècle jusqu'au grand chamboulement provoqué par Einstein à l'aube du XXe siècle... Nous retracerons le cheminement qui a mené de la physique classique, celle qui flatte l'intuition, à la physique moderne, dans laquelle on peine à trouver le reflet de notre réalité.

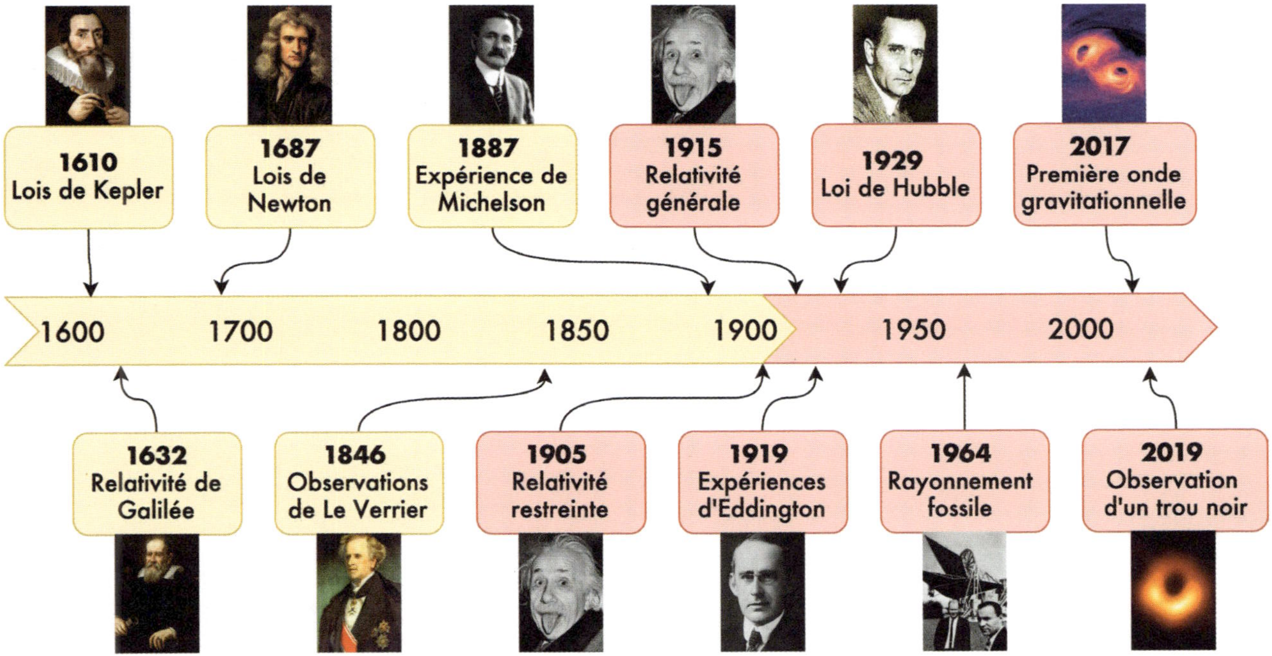

Grandes dates de la relativité. Les couleurs jaune et rouge marquent la transition de la physique classique vers la physique moderne initiée par Einstein en 1905.

CHAPITRE 1

LA PHYSIQUE CLASSIQUE

GALILÉE, PRÉCURSEUR VISIONNAIRE

Notre voyage démarre à Pise, à la fin de la Renaissance. C'est ici que naît, sous les éclairs de génie de Galilée, la physique classique. Gardez bien ce nom en tête, car le savant toscan n'est pas seulement le fondateur de la première science exacte moderne : il préfigure, trois siècles avant Einstein, la théorie de la relativité.

La plume et la pierre

Commençons par une célèbre question-piège : on lâche une plume et une pierre depuis une fenêtre. Qui touche le sol en premier ?

Facile, c'est la pierre ! Elle tombe en accélérant jusqu'à s'écraser brutalement contre le sol, alors que la plume flotte, virevolte poétiquement, mais ne semble presque pas accélérer. Qu'en déduisez-vous ? Visiblement, les objets lourds tombent plus vite que les objets légers. Dès l'Antiquité, le grand Aristote (384-322 av. J.-C.) affirme cela : la vitesse de chute d'un corps est proportionnelle à sa masse.

Cette idée est simple et correspond très largement à notre expérience quotidienne du monde. C'est pour cette raison qu'elle séduisit les philosophes et physiciens des deux millénaires qui suivirent, et peut-être même le lecteur de ce livre. Elle satisfait un principe de raisonnement connu sous le nom de « rasoir d'Ockham », introduit au XIVe siècle par le théologien britannique **William d'Ockham** : les explications simples d'un phénomène doivent toujours être préférées aux explications complexes, qui doivent être « rasées ». La lecture de ce livre vous persuadera sûrement que la nature suit rarement ce précepte, au grand dam de celles et ceux qui cherchent à la comprendre...

L'intuition de Galilée

Dans le cas de la chute libre, il est assez facile de se convaincre que l'idée d'Aristote est absurde par ce que l'on appelle une **expérience de pensée**. Imaginez sauter d'un avion avec un ami : l'agripper par la main fera de vous un seul et même objet, doublant votre masse. D'après Aristote, vous devriez donc soudainement tomber deux fois plus vite, ce qui est bien entendu faux !

Cette expérience de pensée, c'est **Galilée** (1564-1642) qui l'imagina vers la fin du XVIe siècle, non pas avec des parachutistes se tenant par la main, mais avec des pierres attachées par des ficelles et lâchées depuis la tour de sa ville natale, Pise. Fervent défenseur de la théorie copernicienne de l'héliocentrisme, le savant combatif était loin d'être aussi crédule que ses aînés scientifiques. Il n'hésitait pas à défier les théories approuvées par les Saintes Écritures au péril de sa liberté. Sur la question de la chute libre, son intuition révolutionnaire était que la vitesse d'un objet expérimentant une *véritable* chute libre est indépendante de sa masse.

Mais alors, pourquoi la plume tombe-t-elle plus lentement que la pierre ? Simplement parce qu'elle n'est pas en véritable chute libre. En raison de sa surface importante, elle est freinée par une autre force que la gravité : celle des **frottements de l'air**, qui est négligeable pour les objets denses et compacts comme les pierres. Lâchez cette même plume dans le vide, par exemple dans une enceinte hermétique dont on aurait retiré l'air à l'aide d'un puissant aspirateur, et elle tombera à la même vitesse que la pierre.

L'expérience de pensée, ou comment penser l'expérience

De nos jours, il est facile de tester l'intuition de Galilée. C'est ce que fit, en 2014, le physicien anglais Brian Cox pour un documentaire de la BBC : dans un immense hangar de la NASA vidé de tout son air, il lâcha une boule de bowling et une plume d'une hauteur de 10 mètres. Spectaculairement, les deux objets atteignirent le sol exactement au même moment. Galilée, lui, n'avait pas besoin d'un tel dispositif pour démanteler les théories aristotéliciennes, et là réside toute la beauté d'une expérience de pensée : comme son nom l'indique, elle ne demande pas de validation expérimentale !

Ce qui fait le génie de Galilée, c'est d'avoir pu se représenter les frottements de l'air *sans les voir*. Si le rejet des dogmes était déjà en vogue à la fin de la Renaissance, notamment chez les Anglo-Saxons avec le courant empiriste de Francis Bacon, la découverte scientifique était jusqu'alors guidée par les sens. Galilée démontre non seulement que certains phénomènes échappent aux sens, mais également que les sens peuvent nous induire gravement en erreur.

Les expériences de pensée comme celle que nous venons de décrire seront le véritable *leitmotiv* de ce livre : c'est cet art de *penser contre son cerveau* qui a forgé la relativité, dont les manifestations sont plus imperceptibles encore que les frottements de l'air.

Le bateau de Galilée

La chute libre n'est qu'une entrée dans la longue liste des contributions scientifiques de Galilée. S'il est surtout célèbre pour ses découvertes en astronomie, son importance en ce qui concerne ce livre est ailleurs. Il est aussi, sans le savoir, le précurseur de l'une des théories les plus importantes de la physique : la relativité.

En 1632, il émet l'idée que le passager d'un bateau n'aurait aucun moyen de savoir, à vitesse constante, que le bateau se déplace, sauf à regarder la mer à travers un hublot. Toutes les expériences qui pourraient lui venir à l'esprit, comme lancer ou peser des objets, donneraient les mêmes résultats dans un port ou en mer. En revanche, si le bateau accélérait brusquement, le passager le saurait à coup sûr : il serait violemment propulsé en arrière, comme si les lois de la physique changeaient soudainement !

Galilée en déduit le principe suivant :

« Les lois de la physique sont les mêmes pour tous les observateurs qui se déplacent à vitesse constante. »

Il énonce en ces termes son **principe de relativité**, qui est une sorte de *méta*-loi, c'est-à-dire une loi *sur* les lois de la physique.

LE PENDULE DE FOUCAULT

Même lorsque nous sommes avachis dans un fauteuil, nous sommes en permanente accélération puisque nous sommes à bord d'un gigantesque manège : la Terre. Bien que l'accélération qu'elle nous fait subir par sa rotation soit plus difficile à percevoir que celle d'un manège, elle est bel et bien là.

C'est le physicien français Léon Foucault qui la mit en évidence le premier, en 1851. Sous la voûte du Panthéon, à Paris, il installa un gigantesque pendule de 67 mètres, capable d'osciller plusieurs heures avant de s'arrêter. En temps normal, on s'attendrait à ce qu'un pendule oscille selon une direction fixe. Mais du fait de la rotation de la Terre, les lois de la physique sont légèrement différentes : le pendule de Foucault se décale de 6 degrés par heure !

LE MONDE DE NEWTON

En 1687, Isaac Newton (1643-1727) publie son *magnum opus : Philosophiæ Naturalis Principia Mathematica*, ouvrage fondateur plus connu sous le nom des *Principia*. Il y énonce trois lois fondamentales qui décrivent les forces qui s'exercent sur les objets ainsi que les mouvements qui en découlent : c'est la naissance de la mécanique classique. Si cette dernière est encore enseignée à l'école trois siècles plus tard, c'est parce qu'elle décrit le monde qui nous entoure avec une précision remarquable.

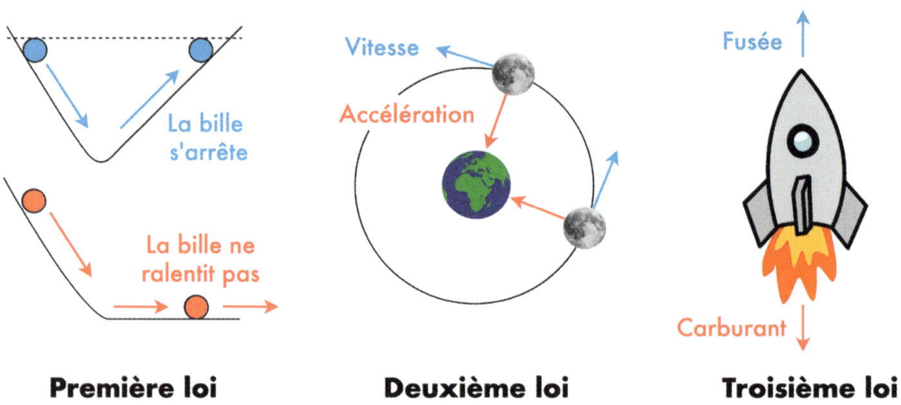

Les trois lois de Newton.

Le principe d'inertie

Décidément à l'origine de tout, c'est Galilée qui préfigure cette première loi grâce à une nouvelle expérience de pensée. Il imagina une bille lâchée dans une cuvette en forme de « V ». Son hypothèse fut la suivante : en ignorant les frottements, la bille remontera exactement à la même hauteur sur les deux branches du V, et ce quelle que soit leur inclinaison. Si une des branches est horizontale, la bille roulera indéfiniment, sans s'arrêter, essayant en vain de remonter une pente qui n'existe pas. De nouveau, Galilée ne pouvait tester son intuition, étant dans l'impossibilité de s'affranchir de son ennemi juré : les frottements.

Pourtant, l'essence de la première loi de Newton était déjà là : en l'absence d'une force pour le ralentir ou l'accélérer, un corps se déplace en ligne droite à vitesse constante. Ceci semble presque évident de notre point de vue moderne car les forces de frottement nous sont familières. Nous savons que ce sont elles qui nous font ralentir lorsque nous arrêtons de pédaler à vélo ; mais jusqu'à Galilée, l'intuition poussait les savants à croire que c'était dans la *nature* des objets de ralentir leur course.

Le principe fondamental de la dynamique

Le nom de cette deuxième loi donne une idée de l'importance qu'elle revêt en physique, et elle est encore quotidiennement utilisée par les ingénieurs de notre temps. Si vous voulez calculer la vitesse que pourra atteindre une fusée ou la trajectoire d'une comète, c'est au **principe fondamental de la dynamique** qu'il faudra faire appel.

Ce principe stipule qu'une force exercée sur un corps dans une certaine direction le fera accélérer dans cette direction. La simplicité de cette affirmation ne doit pas cacher sa complexité mathématique. Pour obtenir un énoncé si pur, Newton a dû développer une branche entière des mathématiques : le calcul infinitésimal.

La notion centrale de cette nouvelle branche est la **dérivée**, que l'on peut définir comme la variation d'une quantité par rapport à une autre *à un instant donné*. Lorsque vous vous déplacez en voiture, la vitesse mesure combien votre position varie au cours du temps, et l'accélération mesure combien votre vitesse varie au cours du temps. On dit donc que la vitesse est la dérivée de la position, et que l'accélération est la dérivée de la vitesse.

Mais le mot « accélération », tel qu'il est utilisé dans le langage courant, porte à confusion. En physique, l'accélération ne mesure pas seulement combien la vitesse *augmente* ou *diminue* : elle mesure aussi combien la vitesse *change de direction*, c'est-à-dire combien l'objet dont on mesure la vitesse tourne. Lorsque l'on prend un virage en voiture, on « accélère » vers l'intérieur du virage, car même si la vitesse est constante, elle change de direction. La Lune, qui tourne autour de la Terre, est aussi en train de prendre un virage sans fin : elle subit en permanence une accélération vers le centre de la Terre. Cette accélération est liée à la force d'interaction gravitationnelle, autre prouesse de Newton qui est l'objet du troisième chapitre de ce livre. Cette force dévie en permanence la trajectoire de la Lune pour éviter qu'elle ne s'échappe en ligne droite.

Le principe d'action-réaction

La troisième loi de Newton stipule qu'un corps exerçant une force sur un autre subit toujours une force opposée en réaction. C'est la force que ressentent les chasseurs lorsqu'ils tirent au fusil : la balle, propulsée à vitesse élevée vers l'avant, exerce sur le fusil une force de réaction vers l'arrière, souvent appelée « recul ». C'est aussi cette force de réaction qui permet de faire décoller les avions et les fusées : en expulsant de l'air ou du carburant dans une direction, l'appareil est propulsé dans la direction opposée.

Ces exemples sont assez intuitifs, mais la troisième loi peut parfois surprendre : elle affirme qu'on attire la Terre tout autant qu'elle nous attire ! Est-ce que cela veut dire que la Terre accélère vers le haut lorsqu'on saute ? Oui, mais de manière imperceptible : le mouvement de la Terre n'est presque pas affecté, car notre masse est dérisoire par rapport à la sienne. De même, on ne subit aucun recul lorsqu'on tire avec un pistolet à eau, car la masse du jet d'eau expulsé est faible face à celle de notre bras.

MERCI LES FROTTEMENTS !

Comment peut-on faire avancer une voiture en la poussant, si celle-ci nous repousse avec la même force ? Ne devrait-on pas reculer en raison de notre faible masse ? Ici, tout se passe au niveau du sol. Pour combattre la force de réaction que la voiture exerce sur vous, vous prenez fermement appui sur le sol pour éviter de glisser en arrière. Ce sont les forces de frottements entre vos pieds et le sol qui combattent la force de réaction de la voiture. Essayez de pousser la même voiture sur une plaque de verglas, et c'est vous qui reculerez, comme le prédit Newton ! Ce sont aussi les frottements ...

du sol qui nous permettent de marcher et permettent à nos voitures d'avancer : si nous vivions sur une patinoire géante, nos déplacements seraient bien plus difficiles.

La physique des absolus

Arrêtons-nous ici pour faire une remarque importante. Dans l'Univers des *Principia* de Newton, tous les observateurs décrivent le mouvement d'un objet de la même manière : toutes les horloges mesurent les mêmes durées et toutes les règles mesurent les mêmes longueurs. Le temps et l'espace sont deux concepts *universels et indépendants* : la durée d'une seconde et la longueur d'une règle ne varient pas en fonction de l'heure de la journée, du lieu où l'on se trouve ou encore de la vitesse à laquelle on se déplace.

Rien de choquant pour nous, les humains, car rien dans notre expérience quotidienne ne nous indique le contraire : nous sommes tous d'accord sur la durée d'une année et sur la hauteur de la tour Eiffel. Pourtant, c'est précisément l'universalité et l'indépendance du temps et de l'espace, *a priori* indiscutables, qui seront bousculées deux siècles plus tard par la théorie de la relativité restreinte d'Einstein. N'allons pas trop vite cependant, et prenons le temps d'examiner les événements et découvertes qui ont abouti à un tel bouleversement.

LA NATURE OBSCURE DE LA LUMIÈRE

La lumière a joué un rôle fondamental dans l'élaboration de la physique moderne. Derrière les deux « nuages » d'incompréhension identifiés par Lord Kelvin se cachent deux questions au sujet de sa nature : de quoi est-elle faite ? Comment se déplace-t-elle ? Loin d'obscurcir le ciel bleu de la physique classique, ces nuages se transformeront en deux tempêtes de lumière qui éblouiront ce qui n'était qu'un ciel pâlot et étroit. Nous allons commencer par décortiquer la première des deux questions.

Qu'est-ce qu'une onde ?

Commençons par définir précisément ce qu'est une onde, car c'est une notion fondamentale qui réapparaîtra plusieurs fois au cours de ce livre. Une onde correspond à la propagation de la déformation d'un « milieu » par rapport à son état de repos. Éclairons cette définition austère à l'aide de deux exemples.

Le premier est celui des vagues qui se forment lorsqu'un caillou est lancé dans un étang. Dans ce cas, le milieu est la surface de l'eau, dont l'état de repos est d'être plat et miroitant. La déformation est une modification de la hauteur de l'eau. Une vague est donc le nom courant que l'on donne à une déformation verticale de la surface de l'eau qui se déplace horizontalement.

Notre second exemple est celui du son. Dans ce cas, les ondes ne se propagent plus à l'interface entre l'eau et l'air comme les vagues, mais directement dans l'eau ou dans l'air, permettant par exemple aux mammifères marins ou terrestres de percevoir leur entourage et de communiquer à distance. Ces milieux sont en effet constitués de couches qui peuvent se comprimer et se dilater comme des ressorts. Ainsi, lorsque nous applaudissons, nous déformons brutalement les couches d'air voisines à la manière d'un séisme et, de proche en proche, l'onde sonore est transmise jusqu'à d'autres oreilles.

Les fentes de Young

Dès le XVIIe siècle, la nature de la lumière fait l'objet d'une grande controverse entre les partisans de la **théorie corpusculaire** de Descartes, qui la décrivent comme un flux de petites particules, et ceux de la **théorie ondulatoire** de Huygens, qui la décrivent comme une onde semblable aux vagues et aux ondes sonores que nous venons d'évoquer.

La théorie corpusculaire s'imposa pendant un certain temps, notamment grâce au soutien de Newton, qui fut le premier à décomposer la lumière blanche du Soleil en un arc-en-ciel à l'aide d'un prisme. Mais en 1801, une expérience historique porta un coup mémorable à cette théorie.

Souvent appelée expérience des fentes de Young, elle porte le nom de son concepteur anglais, **Thomas Young**. Sorte de jeu d'ombres chinoises, elle consiste à éclairer une feuille percée de deux fentes verticales et à projeter la lumière sur un écran. Le résultat est pour le moins surprenant (voir figure ci-dessous) : au lieu d'observer deux rectangles allongés reproduisant la forme des fentes, on observe une série de franges lumineuses alternant avec des zones d'ombre. L'expérience de Young est *a priori* sans appel : la seule explication plausible est d'attribuer à la lumière deux propriétés caractéristiques d'une onde.

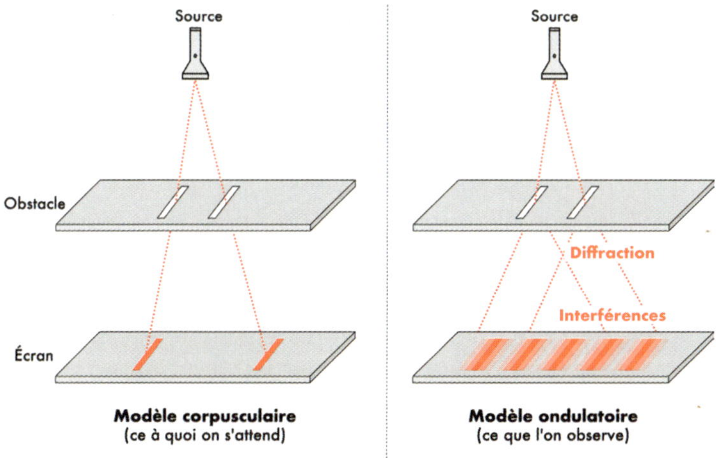

L'expérience des fentes de Young.

Premièrement, la **diffraction** : la lumière s'évase à la sortie des deux fentes pour former des cônes plutôt que des faisceaux rectilignes. Deuxièmement, **l'interférence** entre les ondes issues des deux fentes, qui explique la présence alternée de franges brillantes et sombres. Les franges brillantes correspondent aux zones où les deux ondes se superposent parfaitement et s'additionnent de manière à s'amplifier, tandis que les franges sombres correspondent aux zones où les deux ondes sont décalées et se détruisent.

L'expérience des fentes de Young porta rapidement la théorie ondulatoire sur le devant de la scène. Mais en 1839, un revirement eut lieu lorsque Antoine Becquerel découvrit le premier « nuage » de Kelvin : **l'effet photoélectrique**. En éclairant un métal avec de la lumière, le physicien français mit en évidence la naissance d'un courant électrique. La théorie ondulatoire n'avait alors aucun moyen d'expliquer les résultats de cette expérience...

La dualité onde-particule

Ici, un saut dans le temps s'impose pour clore le débat. En 1905, interloqué par cet étrange effet photoélectrique, Albert Einstein proposa sa théorie des *quantas*. Il introduit l'idée que les niveaux d'énergie accessibles par un atome se présentent sous la forme d'une échelle discontinue. Pour monter ou descendre d'un échelon, l'atome doit absorber ou émettre un paquet de lumière appelé quanta.

La lumière possède ainsi une nature granulaire : tout comme la matière est constituée d'atomes, elle est constituée de particules appelées **photons**, comme le soutenait la théorie corpusculaire. Pourtant, ceux-ci se comportent individuellement... comme des ondes ! Vous avez bien lu : des petits grains possédant le caractère diffus d'une vague... Cette dualité **onde-particule** marque la naissance de la **physique quantique**, et signe l'armistice entre les deux grandes théories de la lumière.

Rassurez-vous : cette dualité est un des concepts les plus déroutants que vous rencontrerez au cours de ce livre. D'où peut bien venir le caractère ondulatoire d'une particule ? Werner Heisenberg, pionnier allemand de la physique quantique, tenta de répondre à cette question en 1929. Son *principe d'incertitude* stipule que dans le monde de l'infiniment petit, tout est flou : les photons, comme les autres particules élémentaires, ne doivent pas être imaginés comme des petites boules occupant un endroit précis de l'espace, mais plutôt comme un fantomatique nuage de présence.

L'expérience de Young fut d'ailleurs revisitée au XXe siècle en envoyant non plus un faisceau de lumière à travers les fentes, mais des photons isolés, un par un. Miracle : photon après photon, les franges se construisent progressivement aux emplacements prévus par la théorie ondulatoire. Ce résultat suggère que chaque photon passe en réalité par les deux fentes *simultanément,* à la manière d'une onde.

Le chat de Schrödinger

Un phénomène plus étrange encore apparaît lorsque l'on place un détecteur de lumière derrière les fentes de Young pour déterminer par laquelle le photon est passé. Dès qu'on active le détecteur, les franges d'interférences disparaissent comme par magie, laissant place à la silhouette des deux fentes. Tout se passe comme si le fait de demander au photon par quel trou il est passé l'empêchait de passer par les deux trous à la fois : son ubiquité disparaît lorsqu'on essaie de la constater !

Les particules élémentaires ont ainsi le don de vivre dans une *superposition* indéterminée de plusieurs états. Lorsqu'on les observe, elles choisissent soudainement l'un de ces états. C'est exactement ce qui se passe dans la célèbre expérience de pensée d'Erwin Schrödinger (1887-1961), mettant en scène un chat emprisonné dans une cage opaque contenant une fiole de poison.

Imaginons que le poison soit conservé dans la fiole si le photon passe par la fente de droite, et libéré s'il passe par la fente de gauche. En plaçant un détecteur de lumière après les fentes, on peut déterminer par laquelle le photon est passé, et donc si le chat a été épargné ou non. Mais en l'absence de détecteur, le photon passe par les deux trous à la fois ; qu'en est-il alors du pauvre matou ? Si l'on en croit **l'interprétation de Copenhague**, prônée par le physicien danois Niels Bohr, le chat est simultanément vivant et mort. D'où un réel problème d'interprétation de la physique quantique, au cœur du fameux débat entre Einstein et Bohr dans les années 1920. Alors qu'Einstein s'opposa à cette interprétation en arguant que « Dieu ne joue pas aux dés », Bohr rétorqua : « Qui êtes-vous pour dire à Dieu ce qu'il doit faire ? »

DES UNIVERS PARALLÈLES

L'interprétation de Copenhague ne fut pas la seule à tenter de lever l'ambiguïté sur l'expérience du chat de Schrödinger. Une des théories concurrentes, dite théorie des mondes multiples, spécule que lorsque l'on mesure par quelle fente le photon passe, l'Univers se sépare en deux Univers parallèles correspondant aux deux possibilités. Chaque Univers poursuit ensuite son cours comme si de rien n'était, et nous ne faisons l'expérience que d'un seul des deux. Un peu comme si à chaque fois que vous lanciez un dé, vous vous divisiez en six personnes ! L'Univers se ramifie ainsi en un multivers, comme les racines d'un arbre. Dans certains des Univers parallèles, Einstein ne serait pas né et ce livre n'existerait pas !

LE MIRAGE DE L'ÉTHER

Dès l'Antiquité, de nombreux savants ont eu recours à un fluide invisible et impalpable pour expliquer la propagation de la lumière. Ce médium est le second nuage qui contrarie Lord Kelvin : il s'agit de l'éther. Si l'idée même de l'éther disparut définitivement au début du XXe siècle, ce fut en réalité une des fausses routes les plus utiles de l'histoire des sciences, car c'est l'exploration des propriétés de l'éther qui donna naissance à la relativité restreinte.

Qu'est-ce que l'éther ?

Revenons au XIXe siècle, et mettons de côté cette étrange dualité onde-particule qui appartient au siècle qui suit. La lumière est alors considérée comme une onde, au même titre que les vagues sur l'océan, ce point de vue ayant triomphé grâce aux expériences de Young. Ceci ouvre une nouvelle question : comment une onde peut-elle se propager dans le vide ? Les seules ondes connues jusqu'alors se manifestent en déformant un milieu matériel (les vagues déforment l'eau, le son déforme l'air). Mais alors, qu'est-ce qui peut bien être déformé lorsque la lumière se propage dans le vide ?

Pour résoudre cette énigme, les plus éminents scientifiques invoquèrent une notion nébuleuse et polymorphe : **l'éther**. Ce fluide, emplissant tout l'espace, assurerait le transport de la lumière, ainsi que celui des forces pour certains. La Terre baignerait dans l'éther et se déplacerait dedans, comme un sous-marin dans l'océan. Tout comme la vitesse du sous-marin est affectée par les courants océaniques, le mouvement de la Terre par rapport à l'éther devrait avoir un impact sur la vitesse de la lumière. On s'attendrait en effet à ce que la lumière soit plus lente à contre-courant de l'éther, et plus rapide en sens inverse.

L'expérience de Michelson et Morley

En 1881, les physiciens américains **Albert Michelson** et **Edward Morley** imaginèrent un protocole expérimental pour mettre en évidence la différence de vitesse de la lumière d'une direction à l'autre. Ils mirent au point un gros appareil possédant deux bras perpendiculaires de même longueur (d'environ 10 mètres), appelé **interféromètre**. Ce type d'appareil reviendra dans un tout autre contexte dans le dernier chapitre du livre ; nous en détaillons donc ici le fonctionnement (voir la figure suivante) :

1. Un rayon lumineux est émis par une source, généralement un laser.

2. Grâce à un miroir semi-réfléchissant placé à l'intersection des deux bras, le rayon est séparé en deux faisceaux identiques qui parcourent chacun un des bras.

3. Arrivés au bout des bras, les faisceaux sont réfléchis par des miroirs et font demi-tour.

4. De retour sur le miroir semi-réfléchissant, ils sont combinés et mesurés par un détecteur.

Comme le trajet parcouru par les deux faisceaux est parfaitement identique, le détecteur devrait en principe les recevoir au même moment. Mais si la vitesse de la lumière n'est pas la même selon les deux directions, un des faisceaux accusera un retard. Le détecteur peut mesurer ce retard de manière très précise en observant des figures d'interférences, similaires à celles observées par Young dans l'expérience de la double fente.

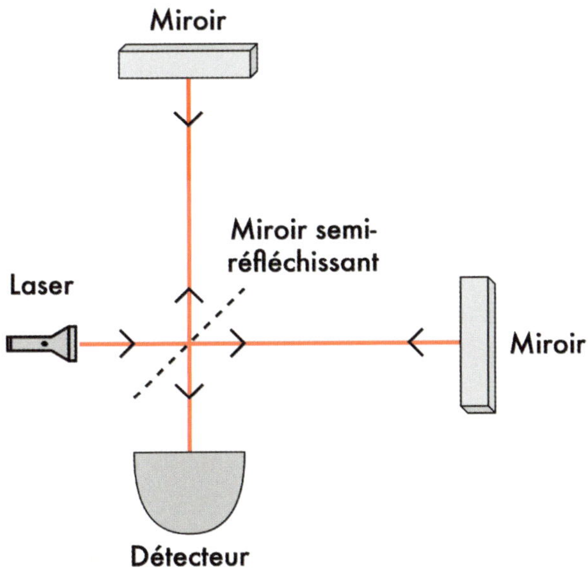

Principe d'un interféromètre.

Un heureux échec

À la grande déception de Michelson et Morley, les deux bras enregistrèrent exactement la même durée d'aller-retour ! Si on se rappelle encore aujourd'hui cette expérience « ratée », c'est parce qu'elle constitue en réalité une étape essentielle de notre compréhension de la lumière. Ce fut la première constatation de l'universalité de la vitesse de la lumière, et c'est cette dernière qui aboutira à la relativité restreinte en 1905, comme nous allons le voir au chapitre suivant. Ainsi, malgré l'échec présumé de l'expérience, les instruments et méthodes inventés valurent à Michelson d'être le premier Américain à recevoir le prix Nobel de physique, en 1907.

À la suite de cette expérience, la théorie de l'éther tomba petit à petit dans l'oubli. Pourtant, une question restait grande ouverte : si ce n'est pas l'éther, qu'est-ce qui permet à la lumière de se propager dans le *vide*, sans support matériel ?

La réponse fut apportée plusieurs décennies plus tard par la physique quantique qui démontra qu'en réalité, le vide n'existe pas. Ou plutôt, que ce que nous appelons communément « le vide » ne l'est pas : il grouille d'une multitude d'événements insaisissables, comme des créations et destructions spontanées de particules. Ce sont ces particules, aussi éphémères soient-elles, qui servent de support à la lumière, et qui confèrent au vide sa substance : on parle de **l'énergie du vide**.

CHAPITRE 2

LA RELATIVITÉ RESTREINTE

L'ESPACE ET LE TEMPS RÉCONCILIÉS

Le jeune Albert Einstein n'était pas aussi séduit que ses contemporains par l'obscure théorie de l'éther. Pourtant, il fallait bien expliquer pourquoi la lumière semble se déplacer à la même vitesse pour tous les observateurs. Alors, en 1905, il choisit d'inverser le problème en érigeant le caractère absolu de la vitesse de la lumière comme postulat de départ d'une nouvelle théorie : la **relativité restreinte**.

Les équations de la lumière

À la suite de l'expérience de Young sur la nature ondulatoire de la lumière, le brillant physicien écossais **James Maxwell** parvint, en 1862, à la décrire à l'aide de quatre élégantes équations. Elles caractérisent le comportement du champ électrique et du champ magnétique, qui évoluent main dans la main pour donner naissance aux **ondes électromagnétiques** dont la lumière visible fait partie. Néanmoins, un aspect de ces équations sema le doute chez les physiciens de l'époque : elles ne semblent pas obéir au principe de relativité de Galilée. Souvenez-vous, celui-ci affirme que les lois de la physique doivent être les mêmes pour tous les observateurs qui n'accélèrent pas.

Illustrons ce principe à l'aide de deux personnages imaginaires : Cécile, debout sur le quai d'une gare, et Adrien, assis dans un train qui traverse la gare à vitesse constante.

En physique, on repère les événements à l'aide d'un système de quatre coordonnées : trois coordonnées spatiales, souvent notées x, y, z, qui déterminent *où* l'événement a lieu, et une coordonnée temporelle t, qui indique *quand* l'événement a lieu. A priori, la coordonnée temporelle est la même pour nos deux protagonistes, puisqu'ils voient les événements se dérouler au même moment. En revanche, les coordonnées spatiales dépendent du point de vue que l'on adopte : du point de vue de Cécile, le train d'Adrien se déplace et ses coordonnées spatiales varient au cours du temps. Mais du point de vue d'Adrien qui est immobile dans le train, les coordonnées spatiales du train n'évoluent pas !

Passer du point de vue de Cécile vers celui d'Adrien consiste donc en un *changement de coordonnées*, qui rectifie les coordonnées spatiales sans modifier la coordonnée temporelle. Lorsque les deux observateurs se déplacent à vitesse constante comme ici, ce changement de coordonnées porte le nom de **transformation de Galilée**. Le principe de relativité peut donc se reformuler ainsi : les lois de la physique doivent être inchangées à la suite d'une transformation de Galilée. C'est le cas des lois de Newton, que nous avons décrites au chapitre précédent, mais ce n'est pas le cas des équations de Maxwell. Et c'est là où le bât blesse : si les équations de Maxwell étaient vraies, Cécile et Adrien feraient l'expérience d'une physique différente ! D'où vient l'erreur ?

1+1=1

En 1895, le physicien néerlandais **Hendrik Lorentz** découvrit qu'afin que les équations de Maxwell soient les mêmes pour Cécile et Adrien, il faut remplacer la transformation de Galilée par un changement de coordonnées plus complexe, qu'on appela par la suite une **transformation de Lorentz**. Tant que la vitesse du train d'Adrien est raisonnable, cette transformation ressemble comme deux gouttes d'eau à la transformation de Galilée. Mais si le train d'Adrien pouvait approcher la vitesse de la lumière, la transformation de Lorentz deviendrait extrêmement bizarre à deux égards.

Premièrement, cette transformation affecterait la coordonnée temporelle. Autrement dit, le temps ne s'écoulerait plus à la même vitesse pour les deux protagonistes ! Deuxièmement, les vitesses ne s'additionneraient plus comme on s'y attendrait. Imaginons qu'Adrien lance une balle à 10 % de la vitesse de la lumière dans un train qui avance dans le même sens, à cette même vitesse (voir la figure suivante). Du point de vue de Cécile, extérieure au train, les deux vitesses devraient s'additionner, de telle sorte que la balle atteigne 20 % de la vitesse de la lumière. Mais la transformation de Lorentz nous indique un résultat légèrement inférieur de 19,8 %, comme si on avait 0,1+0,1=0,198 et non 0,2. La différence est minime, mais augmente à mesure que l'on s'approche de la vitesse de la lumière : ainsi, 0,5+0,5=0,8 et 0,9+0,9=0,994. Le cas limite serait atteint si le train et la balle atteignaient la vitesse de la lumière : Cécile verrait la balle avancer à la vitesse de la lumière et non le double, soit 1+1=1 ! Tout se passe comme si la vitesse de la lumière était impossible à dépasser.

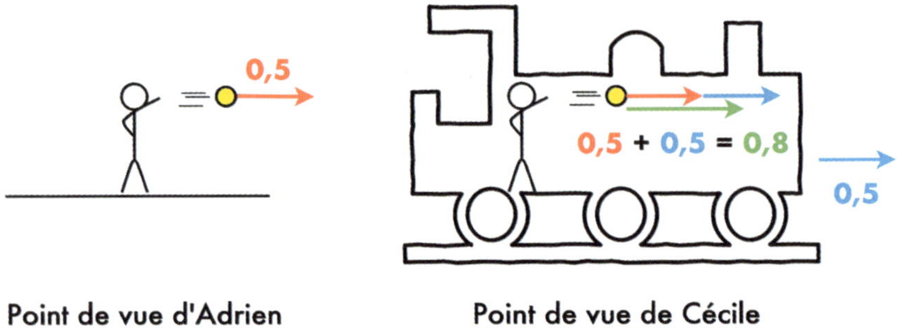

En relativité restreinte, les vitesses ne s'additionnent pas comme on s'y attend : une balle lancée à la moitié de la vitesse de la lumière dans un train circulant à cette même vitesse se déplace seulement à 80 % de la vitesse de la lumière !

Malgré ces implications a priori absurdes, la transformation de Lorentz était mathématiquement satisfaisante, et réconciliait le principe de relativité avec les lois de Maxwell. En un sens, l'essence de la relativité restreinte était déjà là. Cependant, du point de vue de la physique, il manquait un ingrédient, car les calculs de Lorentz présupposaient encore l'existence de l'éther.

Annus mirabilis

La vraie révolution intervient en 1905, l'année où un audacieux physicien travaillant à l'office des brevets de Berne décida de marquer à jamais sa discipline. Vous l'aurez peut-être deviné, il s'agit d'Albert Einstein. Du haut de ses 26 ans, le jeune homme publie au cours de son *annus mirabilis* (année miraculeuse) quatre courts articles, considérés aujourd'hui comme de véritables chefs-d'œuvre scientifiques. Nous avons déjà mentionné le premier, publié le 9 juin, qui introduit la théorie des quantas et inaugure la physique quantique. Le deuxième article, publié le 18 juillet, traite du mouvement brownien, un phénomène central dans les sciences du vivant qui dépasse le cadre de ce livre.

Les deux suivants, publiés en septembre et novembre, forgent la théorie de la **relativité restreinte**. Ils entreprennent un premier bouleversement de la physique classique, en remplaçant la théorie de l'éther par le postulat suivant :

« La valeur de la vitesse de la lumière dans le vide est la même pour tous les observateurs qui se déplacent à vitesse constante. »

Cette idée, qui découle naturellement des travaux de Lorentz, implique que la vitesse d'un rayon lumineux est la même, qu'on s'approche de lui ou qu'on s'en éloigne ! Imaginez courir après un rayon lumineux pour le rattraper : même si vous parveniez à atteindre 99 % de sa vitesse, le rayon fuirait toujours aussi vite.

La vitesse de la lumière, notée c, est une constante fondamentale en physique. C'est elle qui apparaît dans la célèbre formule $E=mc^2$, que nous rencontrerons à la fin de ce chapitre. Cette vitesse est tout bonnement colossale : un rayon lumineux parcourt environ 300 000 kilomètres en une seconde. Dans la vie de tous les jours, son déplacement paraît instantané. Mais pour les astronomes, il est loin de l'être : la lumière met huit minutes à nous parvenir depuis le Soleil, et quatre années depuis l'étoile la plus proche du Système solaire, Alpha du Centaure. En d'autres termes, lorsque vous observez cette étoile, vous l'observez telle qu'elle était il y a quatre ans : en astronomie, regarder loin, c'est regarder dans le passé.

La quatrième dimension

Lorsque l'on exprime les dimensions d'un meuble, il est coutume de parler de sa largeur x, de sa profondeur y et de sa hauteur z. Nous acceptons tous que sa hauteur correspond à sa taille selon la direction verticale, mais il ne s'agit que d'une convention qui dépend de l'angle selon lequel on regarde le meuble. Si on regarde le meuble depuis le dessus, la hauteur du meuble devient en réalité sa profondeur. De même, si on fait pivoter le meuble de 90 degrés, sa largeur devient sa profondeur. Largeur, hauteur et profondeur sont des mesures de même nature, et peuvent échanger leurs rôles par un simple changement de point de vue. C'est pourquoi on regroupe les trois coordonnées spatiales dans un seul et même *repère*, souvent noté avec des parenthèses : (x, y, z).

En ce qui concerne la coordonnée temporelle t, qui était pour Newton une sorte d'horloge universelle indépendante des coordonnées spatiales, elle change fondamentalement de rôle dans la relativité restreinte. Comme on l'a vu, le changement de coordonnées passant du point de vue de Cécile à celui d'Adrien n'affecte pas seulement l'espace, mais aussi le temps. L'espace et le temps se mélangent, tout comme les dimensions de la table. Le temps devient ainsi une quatrième dimension à part entière, qui fusionne avec les trois coordonnées spatiales pour former un objet insécable : **l'espace-temps**, noté (x, y, z, t).

Voyage à Linéa

Au grand dam des physiciens et des mathématiciens, se représenter un monde en quatre dimensions est impossible. En revanche, il est possible de visualiser un espace-temps si l'on supprime une ou deux dimensions spatiales. Nous allons ainsi faire un détour par un monde imaginaire que l'on appellera Linéa. Ce monde est constitué d'une grande ligne droite, et ses habitants, les Linéens, ne connaissent que deux actions : avancer ou reculer le long de cette ligne. L'espace-temps contient donc une dimension d'espace et une dimension de temps.

Juliette, habitante de Linéa, va nous aider à visualiser cet espace-temps. Sur la figure suivante, la direction horizontale correspond à la dimension spatiale de Linéa, et la direction verticale représente l'écoulement du temps.

La première ligne représente Linéa à 7 heures du matin, au moment où Juliette se réveille. Laissons une petite heure s'écouler, et dessinons Linéa à 8 heures : Juliette est alors sur la route pour aller au travail, et se déplace vers la droite. À partir de 9 heures, Juliette est de nouveau immobile, dans l'immeuble où elle travaille.

Sur le schéma de droite, nous avons représenté la trajectoire de Juliette dans l'espace-temps. La maison et l'immeuble sont représentés par deux flèches verticales rouges : ils sont immobiles dans l'espace, mais pas dans l'espace-temps, puisqu'ils se déplacent vers le futur. Quant à Juliette, sa trajectoire est verticale lorsqu'elle ne bouge pas, et s'incline lorsqu'elle se déplace. Vous tenez ainsi entre vos mains l'espace-temps de Linéa, qui représente l'extension de ce monde dans l'espace, mais aussi dans le temps !

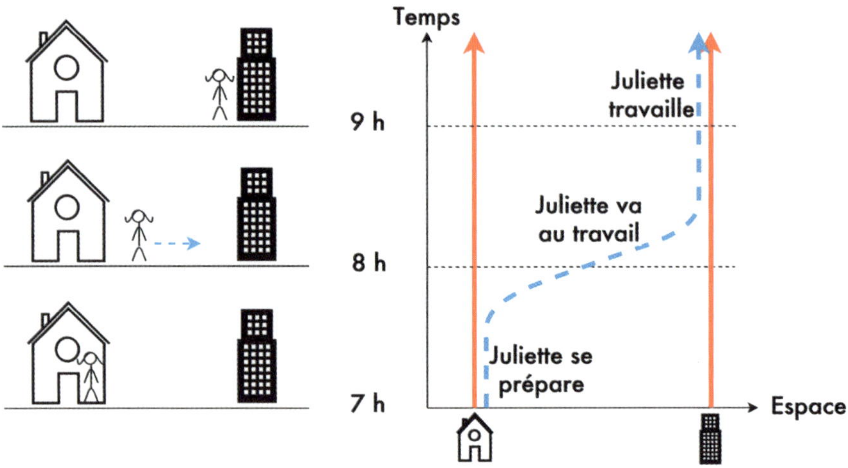

L'espace-temps à deux dimensions de Linéa.

LA FIN DES ABSOLUS

Ce n'est peut-être pas un hasard si Einstein forgea la relativité restreinte en même temps qu'il délivrait des brevets d'horlogerie : dans cette théorie abracadabrantesque, les aiguilles de différentes horloges peuvent tourner à des vitesses très différentes. Dès lors, comment mesurer le temps qui passe, ou même définir le présent ? Accrochez-vous, car ce chapitre ne laissera pas votre intuition indemne...

La dilatation du temps

Retrouvons nos deux protagonistes : Cécile est toujours sur le quai et voit passer Adrien à bord d'un train. Imaginons qu'Adrien fasse rebondir une balle sur le sol. Comme le train avance à une certaine vitesse, Cécile n'observe pas une trajectoire verticale comme Adrien, mais une trajectoire parabolique : la balle a une distance plus longue à parcourir. Pourtant, la durée de la chute n'est pas affectée, car la balle se déplace plus vite du point de vue de Cécile : la vitesse du train s'additionne à sa vitesse de chute.

Maintenant, remplaçons la balle par un rayon lumineux qu'Adrien envoie rebondir contre un miroir posé au sol. Du point de vue de Cécile, la lumière ne se propage pas verticalement, mais en diagonale, selon un trajet plus long (voir la figure suivante). Mais ici, quelque chose cloche, car comme nous l'avons vu, les vitesses ne s'additionnent plus : le rayon ne peut se déplacer plus vite que la lumière pour rattraper le retard ! L'aller-retour de la lumière est donc plus long pour Cécile que pour Adrien... Comme si le temps d'Adrien avait *ralenti*.

Si Cécile regardait la montre d'Adrien à travers la fenêtre, elle aurait l'impression de voir les aiguilles avancer plus lentement que la normale. Cette étonnante **dilatation du temps** est d'autant plus forte que le train s'approche de la vitesse de la lumière : s'il pouvait l'atteindre, le temps d'Adrien serait comme figé ! Autrement dit, plus Adrien se déplace vite dans l'espace, moins il se déplace vite dans le temps.

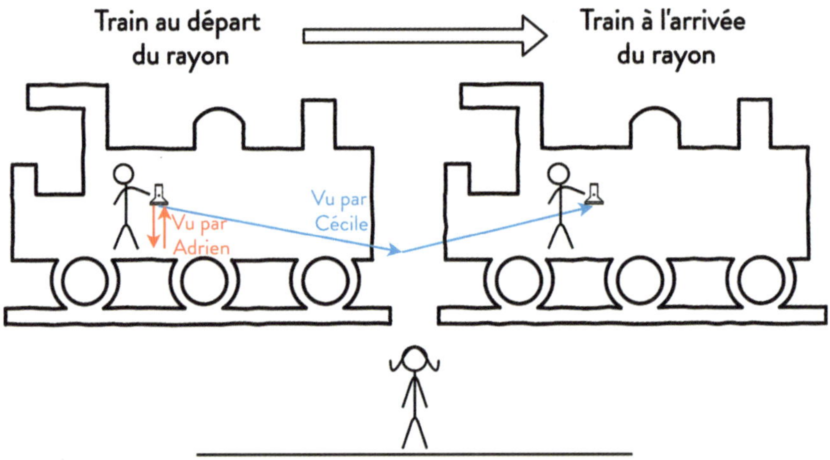

La trajectoire du rayon lumineux est plus longue selon Cécile que selon Adrien, qui est immobile dans le train. Comme la vitesse de la lumière est la même pour les deux personnages, Cécile enregistre donc un temps de parcours plus long. Pour rendre la figure compréhensible, on a largement exagéré la vitesse du train, qui se déplace ici plus vite que la lumière elle-même.

La fin du « en même temps »

En raison de la dilatation du temps, Cécile et Adrien ne peuvent pas s'accorder sur la durée d'une seconde. Mais ce n'est pas tout : ils ne peuvent même pas s'accorder sur la **simultanéité** de deux événements.

Imaginez que la gare soit pourvue de feux de signalisation situés aux deux extrémités du quai, qui s'allument simultanément pour réguler le trafic. Comment Cécile peut-elle vérifier que les deux feux sont parfaitement synchronisés ? Facile, il lui suffit de se placer en plein milieu du quai. S'ils sont synchronisés, la lumière lui parviendra simultanément puisqu'elle se trouve à équidistance des deux feux.

En revanche, si Adrien reproduisait la même expérience, les feux ne paraîtraient pas synchronisés. En effet, pendant que la lumière des feux voyage vers lui, Adrien, qui est toujours dans un train, avance le long du quai. Il recevra la lumière du feu situé à l'avant du train avant Cécile, et celle du feu situé à l'arrière du train après Cécile. Autrement dit, les événements qui se déroulent vers l'avant du train sont *avancés* dans le temps, et les événements qui se déroulent vers l'arrière sont *retardés*.

Ainsi, l'expression *en même temps* n'a plus de sens en relativité restreinte : deux événements qui sont simultanés pour un observateur ne le seront pas pour un autre. Pire encore : l'ordre des événements peut être inversé d'un observateur à l'autre. Pour Adrien, le feu situé à l'avant de son train s'allume avant l'autre ; mais pour le passager d'un train circulant en sens inverse, ce serait l'inverse ! Doit-on aussi renoncer à parler d'*avant* et d'*après* ?

La vitesse de la causalité

Notre conception habituelle du temps est structurée en deux blocs : le passé et le futur, délimités par une ligne fugace, le présent (voir figure de gauche ci-après). En relativité, les choses sont plus complexes. Ces deux blocs existent encore, mais ne sont plus séparés par une simple ligne. Un *présent étendu* s'ouvre entre les deux, zone problématique où l'on ne peut parler ni d'*avant*, ni d'*après*, ni d'*en même temps*. Ce qui sépare ce troisième bloc des deux premiers est la notion de *causalité*. Afin de définir ce que l'on entend par là, revenons au monde de Linéa pour introduire une notion géométrico-poétique : le **cône de lumière**.

Un matin comme les autres à Linéa, Juliette se réveille et allume sa lampe de chevet. L'événement « Juliette allume sa lampe » correspond à un point dans l'espace-temps dont émanent deux rayons lumineux : un vers la gauche et un vers la droite. Sur la figure du milieu ci-après, nous représentons la trajectoire de ces deux rayons dans l'espace-temps. La zone qu'ils délimitent est appelée le *cône de lumière futur* de l'événement « Juliette allume sa lampe ». Comme Juliette ne peut envoyer de signal plus rapide que la lumière, elle ne peut espérer influencer les événements à l'extérieur de ce cône : on dit qu'elle est *causalement déconnectée* de ces événements. En revanche, elle peut influencer tous les événements contenus à l'intérieur du cône : elle est *causalement connectée* à ces événements.

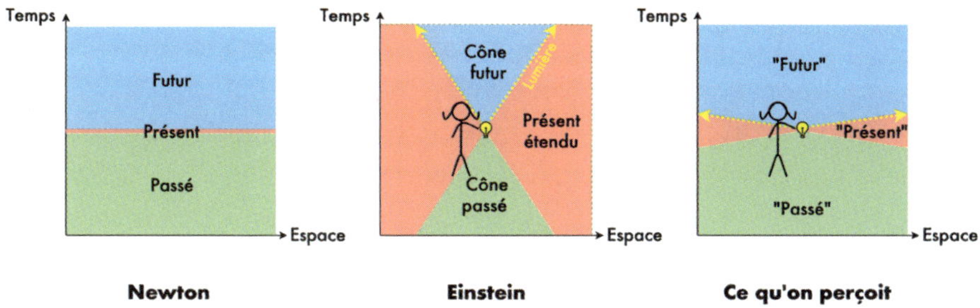

En passant de Newton à Einstein, l'espace-temps passe de deux blocs (passé-futur) à trois blocs (passé-présent étendu-futur). Mais en ce qui concerne notre expérience quotidienne, la vitesse de la lumière est si grande qu'elle nous paraît quasi infinie, comme dans le monde de Newton. L'angle du cône de lumière est donc très évasé, et on assimile le présent étendu à une simple ligne : le « présent ».

Plus précisément, si l'on considère deux événements A et B, c'est-à-dire deux points de l'espace-temps, on dit qu'ils sont *causalement connectés* si B appartient au cône futur de A ou si A appartient au cône futur de B. Dans le premier cas, A peut causer B, et dans le second cas, B peut causer A.

Dans les deux cas, l'ordre des deux événements fait consensus. Par exemple, si A est l'événement « Juliette se réveille », et B est l'événement « Juliette allume sa lumière », alors B appartient au cône futur de A : tous les observateurs seront d'accord pour dire que B est ultérieur à A, car Juliette ne peut allumer la lumière avant de s'être réveillée.

À l'inverse, l'ordre de deux événements qui ne sont pas causalement connectés ne fait pas forcément consensus. C'est le cas de l'allumage des feux de signalisation dans l'exemple d'Adrien et Cécile. Ainsi, le cône de lumière délimite la zone de l'espace-temps où l'on peut objectivement parler d'*avant* et d'*après* : en dehors, il y a cet étrange présent étendu où l'on ne peut parler ni d'ordre ni de simultanéité.

Heureusement, sur Terre, cette difficulté à définir la simultanéité ne se manifeste jamais, car la vitesse de la lumière est colossale. Le « maintenant » de New York diffère du « maintenant » de Paris seulement d'une fraction de seconde, temps que met la lumière pour parcourir la distance qui sépare ces villes. Nous les confondons donc et assimilons le présent étendu à un unique instant, appelé le « présent ». En revanche, le « maintenant » sur Terre diffère très sensiblement du « maintenant » sur Mars !

Lors de la mission *Curiosity* en 2012, quelque treize minutes-lumière nous séparaient de la planète rouge. Demander au rover de déployer ses panneaux solaires « dans trente minutes » aurait été ambigu : au moment où il recevait le message, treize minutes s'étaient déjà écoulées. Devrait-il attendre dix-sept minutes ou trente minutes ? L'expression « à tel instant » n'a plus de sens au-delà de la Terre : il faut préciser « à tel instant, en tel lieu ». De même que l'expression « à telle heure » est ambiguë lorsqu'un Parisien s'adresse à un New-Yorkais : il faut préciser de quel fuseau horaire on parle !

La contraction des longueurs

La dilatation du temps et l'absence de simultanéité sont d'ores et déjà difficiles à accepter, mais nous n'en avons pas fini. Le temps n'est pas le seul concept fondamental que la relativité rend élastique : l'espace l'est aussi ! Si Cécile prenait une photo du wagon dans lequel se trouve Adrien, il paraîtrait écrasé dans le sens du déplacement (voir la figure suivante) : sa hauteur serait tout à fait normale, mais sa longueur serait diminuée !

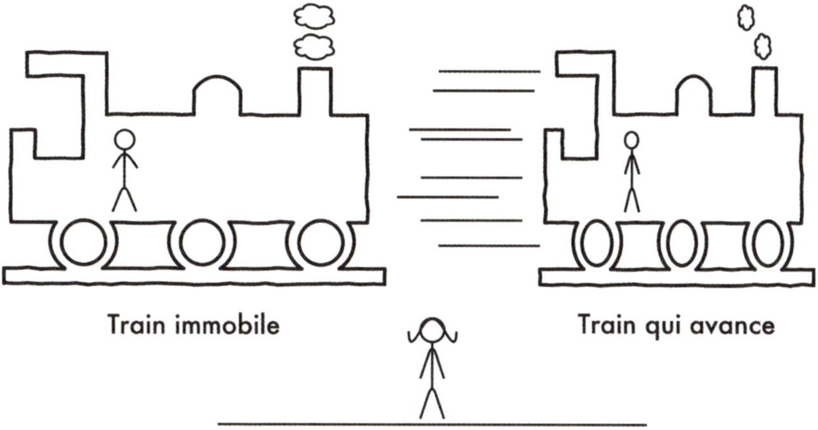

Plus le train avance vite, plus il semble court pour Cécile.

Pour comprendre cette **contraction des longueurs**, imaginons que Cécile veuille mesurer la longueur du wagon. Pour ce faire, elle doit marquer l'avant et l'arrière du train sur le quai *au même moment* : la longueur recherchée est la distance entre ces deux marques. Mais comme nous l'avons expliqué, ce qui est *au même moment* pour Cécile ne l'est pas pour Adrien ! Adrien observe d'abord le marquage de l'avant du wagon, puis celui de l'arrière du wagon. Et comme le wagon avance pendant les deux marquages, la longueur mesurée par Cécile est plus petite que la longueur réelle du wagon !

PLUS VITE QUE LA LUMIÈRE ?

Peut-on dépasser la vitesse de la lumière sans contredire les lois de la relativité restreinte ? Oui, à condition de disposer d'un projecteur suffisamment puissant pour éclairer la Lune entière depuis la Terre. Balayez votre main devant ...

le projecteur, de manière à créer une ombre éphémère. Si votre geste est assez rapide, l'ombre parcourt la surface de la Lune d'un bout à l'autre en une fraction de seconde, et se déplace plus vite que la lumière !

Deux habitants de la Lune pourraient-ils utiliser cette ombre pour communiquer plus rapidement que la lumière ? Malheureusement, non : ils devraient d'abord vous transmettre le message à envoyer, ce qui serait bien plus long. La relativité restreinte est saine et sauve : une ombre n'est pas une information, c'est simplement une absence de lumière. Rien n'exclut donc qu'elle se déplace plus vite que la lumière.

LE PARADOXE DE LANGEVIN

La théorie d'Einstein s'attaque à une notion qui semblait jusqu'alors inébranlable : le cours du temps. Elle autorise des situations paradoxales, comme celle de se retrouver plus vieux que ses propres parents... Et pourtant, s'agit-il là de réels paradoxes ?

Une question de perspective

Nous avons affirmé que Cécile, immobile sur le quai, voit la montre d'Adrien retarder et le wagon dans lequel il se trouve se contracter du fait du mouvement du train. Mais on peut très bien inverser les rôles : du point de vue d'Adrien, le train est fixe, et c'est le quai qui se déplace, emportant Cécile avec lui. En appliquant le même raisonnement, on en déduit qu'Adrien voit la montre de Cécile retarder et le quai se raccourcir. Qui a raison ? Malgré les apparences, il n'y a pas de paradoxe : Cécile et Adrien ont tous les deux raison.

Pour illustrer la chose, introduisons Charlotte et Nicolas, qui se regardent l'un l'autre éloignés d'une dizaine de mètres. Du fait de la perspective, chacun perçoit l'autre plus petit qu'il n'est en réalité. Cet effet réciproque n'a rien de paradoxal : il est simplement dû à la distance, et s'atténue si Charlotte et Nicolas se rapprochent. Lorsqu'ils sont face à face, ils s'observent grandeur nature et peuvent s'accorder sur leurs tailles respectives. La dilatation du temps et la contraction des longueurs sont comparables à cet effet de perspective, mais ce n'est plus la distance entre les observateurs qui en est l'origine : c'est leur vitesse relative. Lorsque Cécile et Adrien sont immobiles l'un par rapport à l'autre, ils mesurent les mêmes durées et longueurs. Mais lorsqu'ils se déplacent l'un par rapport à l'autre, leurs mesures diffèrent, et ce d'autant plus que leur vitesse relative est importante.

Si l'effet de perspective que subissent Charlotte et Nicolas nous paraît évident, pourquoi la dilatation du temps et la contraction des longueurs nous paraissent-elles aussi inconcevables ? Simplement parce que nous n'y sommes pas habitués. Au quotidien, nos vitesses sont toujours très faibles par rapport à celle de la lumière, et elles ne sont pas suffisantes pour induire des effets perceptibles. Notre lenteur nous donne l'illusion de durées et de distances absolues !

Tout n'est pas relatif

On l'a vu, Cécile et Adrien ne peuvent pas s'accorder sur la durée d'une seconde ou sur la longueur d'un wagon. Doit-on pour autant renoncer à parler de *durée* et de *longueur* ? Heureusement, non ! Revenons à Charlotte et Nicolas. Peut-on définir la « taille » de Nicolas de manière unique ? Avec un peu de mauvaise foi, Charlotte pourrait répondre : « Non, tout dépend de la distance qui nous sépare ». Mais évidemment, la *vraie* taille de Nicolas, c'est celle qu'il mesurerait lui-même, en plaçant un mètre le long de son corps ; il s'affranchit ainsi des effets de perspective qui influencent la perception de Charlotte.

De même, pour définir la longueur d'un objet ou la durée d'un événement, il faut s'affranchir des effets relativistes. La « vraie » longueur (appelée longueur propre) du wagon dans lequel se trouve Adrien, c'est celle que mesure Adrien lui-même, immobile dans le wagon, et non celle que mesure Cécile, trompée par la contraction des longueurs. La « vraie » durée (appelée durée propre) d'une annonce dans le haut-parleur du wagon est celle mesurée par Adrien, et non par Cécile. Inversement, pour mesurer la longueur du quai ou la durée d'une annonce sur le quai, c'est Cécile qui donnera la bonne réponse.

L'expression « tout est relatif » est donc à prendre avec des pincettes. Il est vrai que certaines quantités physiques sont relatives, comme la position et la vitesse d'un train, car il n'y a pas de point de vue privilégié pour les définir. En revanche, d'autres quantités ne sont pas, à proprement parler, relatives : c'est le cas de la longueur du train. Certes, cette longueur dépend du point de vue adopté, mais tous les points de vue ne se valent pas. Il existe un point de vue spécial qui établit cette longueur de manière absolue : celui d'Adrien, passager du train, qui n'est pas affecté par les effets relativistes. Une autre grandeur physique qui n'est pas relative est l'accélération du train ; c'est ce que nous allons découvrir avec le paradoxe des jumeaux.

De faux jumeaux

Nous venons de voir qu'il n'y a, *a priori*, rien de contradictoire à ce qu'Adrien et Cécile aient tous deux l'impression que la montre de l'autre retarde. Pourtant, le physicien français **Paul Langevin**, connu pour avoir inventé le sonar, imagina en 1911 une expérience de pensée aussi célèbre que déconcertante, questionnant la cohérence de la théorie de la relativité restreinte. Elle met en scène des frères jumeaux, dont l'un, aventurier, décide d'effectuer un aller-retour vers Alpha du Centaure, notre étoile voisine, à bord d'un vaisseau ultrarapide. L'autre, plus casanier, reste sur Terre, et à l'image de Cécile au bord du quai, voit sa montre avancer plus vite que celle de son jumeau. Au retour de la fusée, il s'attend donc à être le plus vieux des deux. Mais du point de vue du jumeau voyageur, c'est la Terre qui se déplace. Il s'attend donc lui aussi à être plus vieux que son frère lors des retrouvailles. Cette fois, on ne peut donner raison aux deux ; la relativité restreinte se contredirait-elle ? La clé du paradoxe est qu'ici, le renversement des points de vue n'est plus possible.

On l'a vu, la situation de Cécile et d'Adrien est parfaitement symétrique et la dilatation du temps est réciproque, car le train d'Adrien n'accélère pas. Si les fenêtres de son wagon étaient opaques, Adrien n'aurait aucun moyen de savoir que le train est en mouvement. Ce n'est pas le cas de notre jumeau voyageur, qui doit accélérer brutalement pour rejoindre l'étoile, puis freiner et faire demi-tour. Même avec des hublots opaques, il ressentirait ces phases d'accélération et décélération physiquement, comme on ressent l'accélération des montagnes russes. Le jumeau resté sur Terre, lui, ne ressentirait absolument rien. Il n'y a donc pas de réciprocité.

Si elle ne se contredit pas, que nous dit la relativité restreinte ? Elle ne peut décrire le point de vue du jumeau voyageur ; pour cela, il faut attendre la **relativité générale**, qui permet de décrire les mouvements accélérés. En revanche, elle décrit très bien le point de vue du jumeau terrestre, et c'est lui qui a raison : il sera plus vieux que le voyageur lorsqu'ils se retrouveront.

Les points de vue d'Adrien et Cécile sont renversables car aucun des deux personnages n'accélère. Ce n'est pas le cas des jumeaux de Langevin !

S'il faut retenir une chose de cette histoire, c'est que voyager ralentit le vieillissement. Pour l'instant, même les fusées sont bien loin d'atteindre la vitesse de la lumière, et Neil Armstrong est revenu de la Lune sans constater d'effet notable sur son âge. Mais aussi petit qu'il soit, cet effet existe bel et bien, et a pu être mesuré en 1971 grâce à la précision des horloges atomiques. L'une d'elles, ayant parcouru un tour du monde à bord d'un avion de ligne, a accusé un retard de quelques nanosecondes sur celle restée collée au plancher des vaches !

PEUT-ON REMONTER LE TEMPS ?

Si le jumeau voyageur vieillit moins vite, peut-il revenir sur Terre plus jeune que ses propres enfants ? La réponse est oui ! Biologiquement, c'est tout à fait possible. Attention cependant : cela ne veut pas dire qu'il a remonté le temps. Ce n'est pas lui qui rajeunit, mais ses enfants qui vieillissent plus vite. La causalité est bien conservée : il ne pourra pas revenir sur Terre avant la naissance de ses enfants et créer un paradoxe temporel, comme aiment le fantasmer de nombreux récits de science-fiction.

À dos de photon

S'il veut retrouver son frère en vie à son retour, le jumeau voyageur a intérêt à se dépêcher. Soyons fantaisistes, et imaginons qu'il puisse atteindre la vitesse de la lumière : quelle sera alors la différence d'âge entre les jumeaux lors de leurs retrouvailles ?

Comme Alpha du Centaure se situe à quatre années-lumière de la Terre, l'aller-retour durerait huit ans du point de vue du jumeau terrestre. Mais son frère voyageur, lui, ne prendrait pas une seule ride : le voyage lui paraîtrait quasi instantané ! De son point de vue, la contraction des longueurs entre en jeu, ramenant l'étoile à distance nulle de la Terre, comme par téléportation. Du point de vue du jumeau terrestre, l'étoile n'a pas bougé : c'est la dilatation du temps qui a figé le temps de son frère pendant les huit années de son voyage !

Vient ensuite la question suivante : que *voit* le jumeau voyageur lorsqu'il accélère jusqu'à la vitesse de la lumière ? Einstein se posa cette question dès l'âge de 16 ans, et c'est peut-être elle qui le mit sur le bon chemin. N'en déplaise aux fans de ***Star Wars***, l'effet visuel serait très différent de celui observé lors des sauts du Millenium Falcon !

Pour commencer, son champ de vision se réduirait fortement. De la même manière que l'on reçoit la pluie de face lorsque l'on court, la lumière parvenant jusqu'à lui se concentrerait vers l'avant, créant un effet « tunnel ». À mesure qu'il accélère, la lumière provenant de l'arrière peinerait de plus en plus à le rattraper, et le temps semblerait ralentir : la Terre s'assombrirait et semblerait tourner de moins en moins vite. Inversement, les étoiles devant lui tourneraient de plus en plus vite et deviendraient de plus en plus brillantes. Les couleurs seraient aussi fortement affectées par la distorsion du temps, virant au bleu à l'avant du vaisseau et au rouge à l'arrière. C'est une manifestation de l'effet Doppler, que l'on découvrira plus tard dans ce livre.

LES DESSOUS D'E=MC²

Nous venons allègrement d'imaginer un voyage à la vitesse de la lumière. Ce fantasme pourrait-il devenir réalité ? Malheureusement, non : Einstein nous explique que seules les particules sans masse voyagent à cette vitesse. Mais attendez... Comment une particule peut-elle être dépourvue de masse ? Qu'est-ce alors que la masse ? Sous cette notion a priori inoffensive se cache un concept bien plus subtil qu'on ne pourrait croire, incarné par la formule la plus célèbre de l'histoire : $E=mc^2$.

Inertie ou gravité

Avant la relativité restreinte, les physiciens utilisaient deux définitions de la masse. La première était la masse grave, terme provenant du latin *gravis*, lourd, qui a également donné le terme gravité. Cette masse détermine combien un corps est sensible au champ gravitationnel. Un vélo a une masse grave plus faible qu'une voiture, car il est plus facile de le soulever. La seconde définition, nommée masse inerte, mesure la résistance d'un corps à l'accélération (ou à la décélération), et a donné le terme *inertie*. Un vélo a une masse inerte plus faible qu'une voiture, car il est plus facile de l'arrêter lorsqu'il roule.

Il se trouve que ces deux définitions sont équivalentes : la masse grave est égale à la masse inerte, et nous utiliserons donc simplement le terme de masse. Mais cette égalité n'a rien d'une évidence : c'est ce que l'on appelle le **principe d'équivalence de Newton**.

Ce principe explique l'intuition de Galilée, selon laquelle la chute libre est indépendante de la masse. Pourquoi une pastèque pesant deux kilogrammes tombe-t-elle aussi vite qu'un melon pesant un kilogramme ? Sa masse grave étant deux fois plus élevée, le sol l'attire deux fois plus fort. Mais sa masse inerte est aussi deux fois plus élevée, elle est donc deux fois plus lente à accélérer ! Les deux phénomènes se compensent parfaitement, ce qui fait que la pastèque et le melon touchent le sol en même temps.

Que cache la masse ?

Pourquoi les physiciens s'embêtent-ils à définir aussi méticuleusement une notion aussi simple que la masse ? La masse d'un corps n'est-elle pas tout simplement une mesure de la quantité de matière qu'il contient ? Il se trouve que non ! Pour vous en convaincre, prenons deux exemples.

Imaginez-vous sur un vélo, dans un monde où l'air ne provoque aucun frottement. Si vous pédaliez assez longtemps pour vous rapprocher de la vitesse de la lumière, vous vous apercevriez que l'effort à fournir deviendrait de plus en plus grand. Le vélo s'alourdirait à chaque coup de pédale, comme pour vous empêcher d'atteindre la vitesse de la lumière. Alors que le vélo n'a pas changé de constitution, sa masse (c'est-à-dire sa résistance à l'accélération) augmenterait du fait de son mouvement.

Comme second exemple, prenons deux atomes d'oxygène, et imaginons qu'on dispose d'une balance ultra-précise capable de mesurer leur masse. Pesons-les séparément. La balance nous indique évidemment le même résultat. Maintenant, assemblons-les pour former le dioxygène, la molécule dont nous avons besoin pour respirer, et pesons cette molécule. Vous vous attendez, bien entendu, à lire sur le compteur une masse deux fois plus grande qu'auparavant. Stupéfaction : la balance indique une masse légèrement plus grande que prévu ! L'explication est la suivante : les deux atomes, en se rencontrant, forment une liaison chimique, sorte de pont immatériel qui les attache l'un à l'autre. C'est ce pont qui augmente la masse de l'ensemble, sans qu'il y ait eu de matière créée.

La masse du vélo augmente lorsqu'il se déplace vite, tout comme la masse des atomes augmente lorsqu'ils s'assemblent pour former une molécule.

Des molécules aux quarks

Notre définition intuitive de la masse s'est ainsi heurtée à deux constats surprenants : la masse d'un corps n'est pas seulement liée à la matière qui le constitue, mais aussi au *mouvement* et à l'*état interne* de cette matière. La clé du problème est la suivante : la masse d'un objet n'est rien d'autre qu'une mesure de l'*énergie* qu'il contient. La masse de votre propre corps provient de l'énergie de mouvement de vos constituants et de l'énergie d'interaction entre ces constituants. Quels sont donc ces constituants ?

Il y en a à toutes les échelles :

- la matière est formée de molécules ;
- les molécules sont formées d'atomes ;
- un atome est constitué d'un noyau formé de protons et de neutrons, entouré d'électrons ;
- les protons et neutrons sont, eux, formés de quarks, qui sont les particules les plus élémentaires que nous connaissons.

Tous ces constituants vibrent et interagissent entre eux, ce qui leur donne une masse. Les molécules s'attirent à travers des interactions électrostatiques ; les atomes s'assemblent en formant des liaisons chimiques ; les protons et neutrons s'agglutinent grâce à une sorte de super glu appelée l'interaction forte.

Nous arrivons enfin aux quarks, nos constituants les plus élémentaires. Ces derniers n'ont pas de sous-constituants : ils acquièrent leur propre masse en interagissant avec une étrange substance omniprésente, le **champ de Higgs**. Si ce mécanisme est trop complexe pour être détaillé ici, vous avez sûrement entendu parler du boson de Higgs, la particule associée au champ de Higgs. Cette particule suscita l'effervescence médiatique en 2012, lorsqu'elle fut détectée par le CERN[1] ; elle rapporta le prix Nobel de physique l'année suivante aux théoriciens Peter Higgs et François Englert, qui avaient prédit son existence dès 1964.

Attention cependant à l'idée reçue selon laquelle le champ de Higgs « donne sa masse à la matière ». Il donne certes leur masse aux particules élémentaires comme les quarks, mais ces derniers ne représentent que quelques grammes de la masse d'un corps

1. Le CERN est l'Organisation européenne pour la recherche nucléaire. La détection du boson de Higgs fut réalisée au sein d'un gigantesque accélérateur de particules installé à la frontière franco-suisse, appelé le Grand collisionneur de hadrons.

humain. Le reste provient des autres formes d'énergie que nous avons décrites plus tôt, dont l'interaction forte représente la plus grande contribution.

Une formule magique

L'énergie et la masse sont ainsi une seule et même chose : c'est ce qu'on appelle **l'équivalence masse-énergie**. Lorsque vous vous tenez immobile, vous contenez diverses formes d'énergie, qui ensemble constituent votre **énergie de masse**. Que vaut-elle ? La réponse est contenue dans le quatrième article publié par Einstein lors de son ***annus mirabilis*** : il s'agit de la célèbre formule $E=mc^2$. Elle indique que l'énergie de masse E que possède un corps est égale à sa masse m multipliée par la vitesse de la lumière c au carré. En vous pesant sur une balance, vous mesurez en réalité la somme de toutes les formes d'énergie que vous contenez !

Lorsque vous n'êtes pas immobile, par exemple lorsque vous courez, votre masse augmente, car une **énergie cinétique** vient s'ajouter à votre énergie de masse. Mais celle-ci est dérisoire ! Si vous pesez 80 kilogrammes et que vous courez à 20 kilomètres par heure, votre énergie cinétique sera d'environ 1000 joules, soit de quoi alimenter une ampoule pendant une minute. En comparaison, votre énergie de masse est d'environ 10 milliards de milliards de joules, soit assez pour alimenter les besoins énergétiques de la France entière pendant plusieurs années !

Les objets de la vie courante, comme les balles de tennis, les voitures ou même les fusées, sont par nature *non relativistes*, car leurs vitesses sont toujours ridiculement petites comparées à celle de la lumière. Cela implique que leur énergie cinétique est largement inférieure à leur énergie de masse. Mais ce n'est pas le cas des particules élémentaires, qui peuvent même posséder une énergie de masse nulle !

Une énergie sans masse ?

Comme nous l'avons mentionné plus tôt, la physique quantique nous apprend que la lumière se comporte comme un flux de particules *sans masse* appelées photons. Si l'on en croit la formule $E=mc^2$, un photon sans masse ne contient pas d'énergie. Comment une telle chose peut-elle exister ? Pour se targuer d'*être*, une particule ne doit-elle pas posséder au moins un tout petit peu d'énergie ?

La confusion vient d'un abus de langage. Les photons ne sont pas des particules sans masse comme on l'entend parfois, mais des particules sans *énergie de masse*. En effet, ce sont des particules élémentaires (sans sous-constituants), et à la différence des quarks, ils ne peuvent pas interagir avec le champ de Higgs. Ainsi, la seule forme d'énergie que les photons possèdent est l'énergie cinétique liée à leur mouvement. Cette énergie leur donne une masse, qui peut même être ressentie : les photons exercent une **pression de radiation** en se cognant contre une surface, analogue à la pression atmosphérique créée par les molécules de l'air.

UN VOILIER COSMIQUE

Un voyage intersidéral sans carburant ? C'est précisément le pari du projet *Breakthrough Starshot*, initié en 2016 par le milliardaire russe Youri Milner. L'idée est de fabriquer une grande voile réfléchissante, dont la très faible masse (moins d'un gramme) lui permettrait d'accélérer grâce à la simple pression de radiation. La voile pourrait être propulsée depuis la Terre par un puissant rayon laser, puis errerait dans le cosmos comme une bouteille à la mer, poussée par la lumière des étoiles.

L'énergie nucléaire

Nous venons de le voir, la masse d'un corps n'est pas simplement la somme des masses de ses constituants : il faut y ajouter l'énergie contenue dans les liaisons entre ces constituants. En brisant ces liaisons, on peut donc puiser directement dans l'énergie de masse, dont on a vu qu'elle est prodigieusement grande. Mais comment procéder ?

Une première possibilité est de brûler la matière. La *combustion* casse les liaisons chimiques entre les atomes et libère l'énergie qu'elles détiennent : c'est le principe des centrales à charbon. Une seconde possibilité est de briser les liaisons entre les protons et les neutrons qui constituent les noyaux des atomes : c'est le principe des centrales nucléaires. L'énergie récupérée est bien plus importante que par combustion : alors qu'un kilogramme de charbon brûlant dans la cheminée permet à peine de chauffer une pièce, moins d'un kilogramme d'uranium a suffi pour causer la terrible déflagration de la bombe nucléaire d'Hiroshima.

Il existe deux méthodes pour extraire l'énergie nucléaire. La première est la **fission nucléaire**, et c'est celle qui alimente les centrales nucléaires actuelles. Elle consiste à casser un gros atome en deux atomes plus petits en le bombardant de neutrons. L'opération libère l'énergie contenue dans les liaisons rompues, ainsi que des neutrons qui vont à leur tour casser d'autres atomes. Cette réaction en chaîne permet à la fission nucléaire de s'autoentretenir, mais constitue aussi un des dangers des centrales nucléaires : elle peut devenir incontrôlable, provoquant des accidents catastrophiques, comme celui de Tchernobyl en 1986.

L'autre méthode pour puiser de l'énergie dans les atomes est la **fusion nucléaire**, exploitant un procédé inverse de la fission. L'idée est de partir de deux petits atomes, semblables à l'hydrogène à ceci près que leur noyau possède un ou deux neutrons de trop. Ces atomes sont dits instables, car les neutrons excédentaires ont envie de s'échapper : ils ne sont retenus au sein du noyau qu'au moyen d'une grande énergie de liaison. Lorsque de tels noyaux se rencontrent à haute température, ils libèrent un des neutrons encombrants et forment un atome d'hélium. L'énergie de liaison est libérée sous forme de rayonnement : c'est notamment ce procédé qui alimente les étoiles.

LE PROJET ITER

La fusion nucléaire est l'objectif de la plus grande collaboration scientifique internationale actuelle : ITER (Réacteur thermonucléaire expérimental international). Initiée en 2007, elle vise à construire un réacteur de fusion nucléaire dans le sud de la France, près d'Aix-en-Provence. Contrôler des réactions de fusion nécessite de vaincre des obstacles techniques majeurs : il faut concrètement recréer les conditions de température et de pression régnant au centre du Soleil sans que les composants métalliques ne fondent. Le jeu en vaut cependant la chandelle, car les atomes d'hélium qui seraient formés lors de la fusion sont totalement inoffensifs, contrairement aux déchets radioactifs issus de la fission nucléaire.

DEUXIÈME PARTIE

UNE NOUVELLE GRAVITATION

« J'étais assis sur ma chaise au Bureau fédéral de Berne. Je compris soudain que si une personne est en chute libre, elle ne sentira pas son propre poids. J'en ai été saisi. Cette pensée me fit une grande impression. Elle me poussa vers une nouvelle théorie de la gravitation. »

ALBERT EINSTEIN

Un des principaux buts de la physique est d'*unifier* nos connaissances autour de quelques principes simples. Des phénomènes et des concepts qui nous semblent être étrangers peuvent, grâce au génie de quelques grands noms de la physique, fusionner contre toute attente et ainsi révolutionner notre compréhension du réel. L'année 1905, cette année miraculeuse pour Albert Einstein, le vit unifier en un seul formalisme l'espace et le temps d'une part, la masse et l'énergie d'autre part.

Cette nouvelle théorie de la mécanique, la relativité restreinte, connut un succès immédiat et plaça d'emblée Einstein parmi les grands de son siècle. Pourtant, c'est un édifice terriblement incomplet, car il omet la gravité. Un comble pour une théorie qui a pour objectif, entre autres, de décrire le mouvement des corps !

Intégrer la gravitation dans sa théorie de la relativité, voilà le projet démesuré d'Einstein dès la fin de l'année 1905. Après près d'une décennie de travail, la relativité générale voit le jour. Elle poursuit l'ambition unificatrice de la physique en décrivant l'interaction entre le couple masse/énergie et le couple espace/temps. Elle constitue un changement de paradigme peut-être encore plus fort que celui de la relativité restreinte, en retournant complètement notre intuition de la gravité, qui nous semblait pourtant si familière.

CHAPITRE 3

L'ATTRACTION UNIVERSELLE

LA POMME DE NEWTON

La gravité, nous la connaissons tous. C'est cette force qui nous colle à la surface de la Terre et qui régit le mouvement des planètes. Aussi simple qu'elle puisse nous paraître, elle fut l'objet de trois grandes théories imaginées par trois grands noms de la science : Aristote, Newton puis Einstein. Mouvement naturel des corps pour le premier, force universelle pour le deuxième, déformation de l'espace-temps pour le troisième, la gravité est en réalité une chose plurielle. En racontant son histoire, nous espérons illustrer le fonctionnement même de la science, entre continuité et discontinuité.

La gravité selon Aristote

Dans l'Antiquité, la physique (qui puise son étymologie dans le terme grec désignant la nature, *phusis*) cherchait avant tout à décrire la « nature » des choses, comme le montrent les quelques préceptes aristotéliciens que nous avons déjà rencontrés : il est dans la *nature* des objets lourds de tomber vite, il est dans la *nature* des corps de ralentir leur course...

En ce qui concerne la gravité, Aristote ne pouvait faire appel au concept de force, qui n'a été introduit que deux millénaires plus tard par Newton. Selon lui, la tendance des corps à accélérer vers le bas dans l'air et vers le haut dans l'eau correspond à un mouvement spontané qui les ramène vers leur « lieu naturel ». Qu'en est-il du mouvement des astres ? Pour Aristote, ils sont régis par un tout autre ensemble de lois physiques, les lois dites « supralunaires », qui s'appliquent au-delà de la Lune.

Curieusement, cette vision a priori très naïve de la gravité, qui considère que les objets suivent leur mouvement naturel lorsqu'ils tombent, n'est pas sans évoquer la théorie d'Einstein, comme nous le verrons. Avant d'en arriver là, retournons au XVIIe siècle anglais pour découvrir la seconde théorie de la gravité : l'attraction universelle d'Isaac Newton.

La quatrième loi

Tout le monde connaît l'histoire de **Newton**, qui découvre la gravité au sortir d'une sieste, réveillé brutalement par une pomme tombée sur sa tête. Mythe ou réalité ? D'après Newton lui-même, c'est bien la chute d'une pomme qui lui aurait inspiré sa théorie de la gravitation, bien que la pomme en question n'ait pas terminé sa course sur son crâne comme on aime le raconter. À l'image de Galilée, Newton refusa alors d'accepter comme une évidence le fait que les pommes tombent vers le bas, et non vers le haut ou encore en diagonale. Rappelons que ses trois lois énoncent qu'un mouvement découle nécessairement d'une force : la chute d'une pomme ne peut faire exception ! Dans son fameux ouvrage des *Principia*, il formule alors sa loi de **l'attraction universelle**, considérée comme sa quatrième loi, sous la forme suivante :

Deux objets s'attirent mutuellement par une force, dont l'intensité est proportionnelle au produit de leurs masses et inversement proportionnelle au carré de la distance les séparant.

Cette attraction est dite « universelle », parce qu'elle s'applique autant aux objets terrestres qu'aux objets célestes. Suivant le chemin tracé par Copernic, Newton brise définitivement le hiatus vieux de plusieurs millénaires entre la physique sublunaire et la physique supralunaire. Il fonde en ces termes ce qu'on appelle la théorie *classique* de la gravitation, par opposition à la relativité générale que l'on découvrira dans le prochain chapitre. Cette théorie dominera les débats pendant les deux siècles suivants.

Commençons par comprendre ce que signifie cette quatrième loi de Newton. Comme on l'a dit, l'intensité de la force d'interaction gravitationnelle est inversement proportionnelle au carré de la distance entre deux corps. Cela signifie que si on double la distance entre deux objets, la force qu'ils exercent l'un sur l'autre est quatre fois moins importante : plus on est loin, moins on s'attire ! L'intensité de la force dépend aussi de la masse des objets considérés : plus votre masse est importante, plus vous êtes attiré par la Terre.

Un autre fait remarquable est l'instantanéité de cette interaction. Quelle que soit la distance séparant les corps, ils ressentent la présence de l'autre instantanément et simultanément. Ainsi, le champ gravitationnel du Soleil voyagerait instantanément jusqu'à la Terre pour influencer son mouvement, malgré les 150 millions de kilomètres qui séparent notre planète de son étoile. Si le Soleil disparaissait subitement, la Terre s'échapperait immédiatement en ligne droite !

Votre familiarité avec la relativité restreinte vous met peut-être la puce à l'oreille : comme aucune information ne peut se propager plus vite que la lumière, cette instantanéité de la gravitation newtonienne ne plaira pas à Einstein...

Premiers succès

La quatrième loi de Newton était fort attendue : elle porte un éclairage mathématique sur beaucoup de questions restées en suspens. Elle révolutionne, voire crée, la balistique, cette branche de la physique qui étudie le mouvement des boulets de canon et autres projectiles, en démontrant que ces derniers suivent des trajectoires *paraboliques*. Cependant, elle ne se limite pas au mouvement des objets sur Terre, mais lève les yeux au ciel et fonde la mécanique céleste, c'est-à-dire l'étude du mouvement des astres ! Pour comprendre cela, un léger retour en arrière s'impose...

Un siècle avant les *Principia* de Newton, l'astronome allemand **Johannes Kepler** (1571-1630) énonçait trois lois décrivant le mouvement des planètes autour d'une étoile. Intéressons-nous uniquement à la première, car c'est la plus visuelle. Elle indique que la trajectoire d'une planète autour du Soleil est nécessairement une ellipse, comme illustré dans la figure suivante. Une ellipse est une sorte de cercle aplati, ou ovale, qui est défini non pas par un centre, mais deux, appelés les foyers de l'ellipse. Où que la planète se trouve sur l'ellipse, la somme des distances aux deux foyers est la même. La première loi de Kepler indique également que le Soleil se situe sur l'un des foyers de l'ellipse.

Kepler n'avait aucun outil mathématique pour démontrer ses lois : il les conjecturait à partir de minutieuses observations de la planète Mars récoltées par son ami danois Tycho Brahe (1546-1601). Il lui manquait justement un cadre théorique comme celui que Newton propose dans ses *Principia*. En utilisant ses quatre lois, Newton parvient à démontrer *mathématiquement* les lois de Kepler.

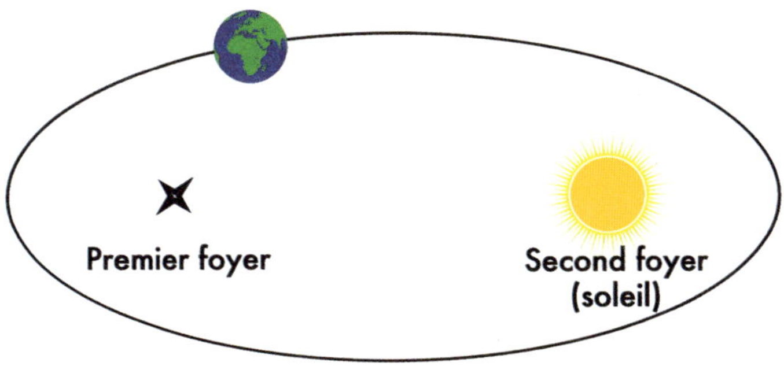

La Terre décrit une orbite elliptique autour du Soleil (bien qu'on exagère ici son caractère ovale).

Le plus grand accomplissement des quatre lois de Newton est ainsi d'expliquer dans un langage unifié et mathématique des expériences quotidiennes *a priori* très différentes : une pomme qui tombe d'un arbre, un boulet de canon qui suit une parabole dans le ciel et la Terre qui tourne autour du Soleil. Ces trois objets sont soumis à la même force, mais ils ont des vitesses très différentes. La pomme, immobile initialement, tombe directement vers le centre de la Terre. Le boulet, propulsé par le canon, a une vitesse importante qui lui permet de se déplacer sur une grande distance avant de tomber. La Terre, elle, se déplace à la vitesse folle de 100 000 kilomètres par heure, assez grande pour lui permettre de tourner autour du Soleil sans s'y écraser !

D'OÙ VIENNENT LES MARÉES ?

La mécanique de Newton assimile généralement les corps qu'elle décrit à des points. Autrement dit, pour étudier la trajectoire d'une balle ou d'une planète, on considère que toute la masse de l'objet est regroupée au même endroit : en son centre. Cette simplification n'affecte pas la trajectoire des objets, mais efface un important effet dû à la gravité : les forces de marées, qui donnent lieu aux marées des océans que nous connaissons sur Terre.

Aussi étonnant que cela puisse paraître, c'est la Lune (et dans une moindre mesure le Soleil) qui cause les marées des océans. En effet, la face de la Terre qui est orientée vers la Lune ressent une attraction plus forte que la face opposée. La force supplémentaire qu'elle ressent est faible, mais suffisante pour soulever les eaux des océans, créant une protubérance tournant autour de la Terre du fait de sa rotation : la marée haute.

LA DÉCOUVERTE DE NEPTUNE

Un siècle et demi après la publication des lois de Newton intervient une des plus belles illustrations de leur efficacité : la découverte d'une nouvelle planète dans le Système solaire !

Portrait de famille

Pour un astronome contemporain de Napoléon ou de Beethoven, le Système solaire est composé de sept planètes, et non de huit comme aujourd'hui. Bien que vous les connaissiez sûrement de nom, prenons le temps de présenter cette belle famille avant de rencontrer la petite dernière.

La planète la plus proche du Soleil est Mercure, petit caillou infernal dépourvu d'atmosphère sur lequel vous pouvez, au choix, vous transformer en glaçon ou en fumée : la face qu'elle présente au Soleil atteint des températures de plus de 400 °C, alors que sa face sombre subit un spectaculaire -150 °C ! Bien trop extrême pour espérer être un jour être visitée par l'humanité, cette petite planète va tout de même jouer un rôle crucial dans l'histoire que nous racontons ici, alors ne l'oubliez pas !

Viennent ensuite trois planètes familières : Vénus, la Terre et Mars, qui complètent, avec Mercure, la liste des planètes dites telluriques, c'est-à-dire des planètes principalement constituées de roches. Contrairement à ce que pourrait faire croire son nom, Vénus est la planète la plus inhospitalière de tout le Système solaire ! Du fait de son atmosphère surchauffée, dense et acide, la température moyenne est de 460 °C et la pression atmosphérique y est 92 fois plus importante que sur Terre...

On ne présente plus la Terre ni sa voisine, Mars. Bien que plus petite et plus éloignée du Soleil, la planète rouge ressemble beaucoup à notre planète. À peu près désertique de nos jours, on pense qu'elle a connu un passé similaire au présent de la Terre. Mars est si proche de nous que son éclat vermeil est visible à l'œil nu. Elle est aussi une candidate de choix pour les prochains voyages habités de l'humanité.

La prochaine planète sur la liste est Jupiter, la première géante gazeuse, la plus grande et la plus lourde des planètes – sa masse est plus de deux fois supérieure à la masse de toutes les autres planètes réunies ! Sa surface est balayée par des orages centenaires aussi grands que notre planète, comme la célèbre Grande Tache rouge, photographiée pour la première fois en 1979 par la sonde Voyager 1.

Sa sœur Saturne, non moins imposante, est pourvue de superbes anneaux. Ils paraissaient lisses à travers la modeste lunette astronomique de leur découvreur, Galilée, mais James Maxwell, futur père de l'électromagnétisme, découvrit en 1859 qu'ils sont composés de milliards de petits cailloux de roche et de glace.

Uranus, la septième planète, ne fut observée pour la première fois qu'au XVIIIe siècle du fait de sa faible luminosité (les six premières étaient observées à l'œil nu depuis l'Antiquité). Jusqu'au XIXe siècle, elle garda le titre de planète la plus éloignée du Soleil. Mais c'était sans compter sur la petite dernière, qui se déroba encore plus longtemps aux regards nocturnes...

La Grande Tache rouge de Jupiter photographiée par Voyager 1. Ses caractéristiques donnent le vertige : 12 000 kilomètres de diamètre, des vents à plus de 700 kilomètres par heure...

DE LA VIE DANS L'ESPACE ?

Existe-t-il de la vie ailleurs que sur Terre ? Cette question terriblement intrigante n'a toujours pas de réponse. Depuis 1995 et les premières observations de planètes situées en-dehors du Système solaire (dites exoplanètes), les astronomes cherchent des signaux d'une forme de vie extraterrestre dans toute la galaxie. Cependant, une rencontre physique semble improbable en ce qui concerne les exoplanètes, du fait des distances qui nous séparent d'elles.

Notre voisine Mars offre les conditions les plus proches des nôtres (on y trouve même de l'eau liquide), mais à ce jour, rien ne prouve qu'elle ait un jour abrité la vie. En septembre 2020, une équipe de chercheurs gallois annonça avoir découvert des traces de phosphine dans l'atmosphère de Vénus. Sur Terre, cette molécule n'est produite que par des organismes

...

vivants, il est donc tentant d'en conclure que Vénus abrite la vie. Malgré l'emballement médiatique, il faut savoir raison garder : quand bien même la présence de phosphine est confirmée, rien n'empêche cette molécule d'être le résultat d'un mécanisme chimique encore inconnu, ne relevant pas du vivant. Comme le disait l'astronome américain Carl Sagan en 1980, « des affirmations extraordinaires nécessitent des preuves extraordinaires »...

Une orbite qui dérange

La gravitation newtonienne a permis d'appuyer mathématiquement le mouvement elliptique des planètes autour du Soleil, confirmant la première loi de Kepler. Mais la concordance des prédictions et observations prit fin au début du XIXe siècle, en raison d'une anomalie dans l'orbite de la planète la plus lointaine connue à l'époque, Uranus. Depuis sa première observation en 1781 par William Herschel, les astronomes s'arrachaient les cheveux pour prédire son orbite sur le long terme, la trajectoire semblant toujours s'éloigner de ce que les calculs annonçaient.

Dans cette situation, l'esprit scientifique a deux solutions : il peut remettre en cause les principes qui sous-tendent la théorie, ou bien considérer qu'un élément essentiel de la réalité est manquant, son oubli expliquant les erreurs de prédiction. Peu encline à contredire le grand Isaac Newton, la communauté des astronomes de l'époque opta pour la seconde solution, et l'hypothèse d'un astre inconnu errant dans le voisinage d'Uranus et perturbant son orbite fit son chemin.

À partir de 1844, l'astronome français Urbain Le Verrier se mit en quête de ce mystérieux rocher transuranien, son but étant de résoudre un « problème inverse » : déterminer sa position à partir des effets qu'il produit – ici, les perturbations de l'orbite d'Uranus. Il effectua des calculs extrêmement lourds, sans calculatrice cela va sans dire, dans l'espoir de découvrir une nouvelle planète. Ses calculs aboutirent et il envoya ses prédictions à l'observatoire de Berlin. Peu après minuit, le 24 septembre 1846, Neptune fut observée pour la première fois, précisément à l'instant et à la position prévus par Le Verrier.

Une découverte d'un genre nouveau

En plus de résoudre un des plus grands mystères de l'astronomie de l'époque, la découverte de Neptune marque une première dans les rapports entre mathématiques et physique. C'est la première fois dans l'histoire des sciences que des calculs mathématiques aboutissent à la découverte d'un nouvel objet : il s'agit d'une démonstration remarquable de la puissance des lois de Newton.

Alors directeur de l'Observatoire de Paris, François Arago dira au sujet de Neptune que Le Verrier « l'a vue au bout de sa plume ». Cette « découverte théorique » est la première d'une longue liste qui accompagne les grands moments de la science du XXe siècle, notamment à travers cette théorie que vous brûlez sûrement de découvrir : la relativité générale.

Mais une dernière étape s'impose avant de plonger au cœur de la relativité générale. Pourquoi au juste a-t-on eu besoin d'une nouvelle théorie de la gravité ? Pourquoi avoir cherché une remplaçante à l'attraction universelle, au sommet de sa gloire en cette fin de XIXe siècle ?

À gauche, la planète Uranus photographiée par la sonde Voyager 2 en 1986. À droite, la planète Neptune photographiée par cette même sonde en 1989.

MERCURE NE TOURNE PAS ROND

L'énigme portant sur l'orbite d'Uranus, résolue spectaculairement en 1846 par la découverte de Neptune, porta la crédibilité scientifique de l'édifice de Newton à son apogée. Quelques années plus tard, rebelote : une nouvelle anomalie se présenta, concernant l'orbite de la planète Mercure. Mais cette fois, les observations restèrent sans explication jusqu'en 1915, et finirent par précipiter la loi de l'attraction universelle vers sa chute.

Le problème du périhélie

La première loi de Kepler, qui indique que les trajectoires des planètes autour du Soleil sont des ellipses, vous est désormais familière. Ces ellipses possèdent un point particulier appelé périhélie : c'est le point le plus proche du Soleil.

Des mesures très précises effectuées au XIXe siècle indiquèrent que le périhélie de Mercure n'est pas fixe, comme le prévoyaient Kepler et Newton, mais tourne lui-même autour du Soleil ! Autrement dit, l'ellipse qui caractérise l'orbite de Mercure se décale petit à petit, comme l'indique la figure suivante.

L'histoire a retenu le nom de **précession du périhélie de Mercure** pour ce phénomène, « précession » étant un synonyme de « rotation ». On n'insistera jamais assez sur l'incroyable précision dont les astronomes du XIXe siècle étaient capables, cette précession étant extrêmement lente : le périhélie parcourt un tour complet tous les 200 000 ans !

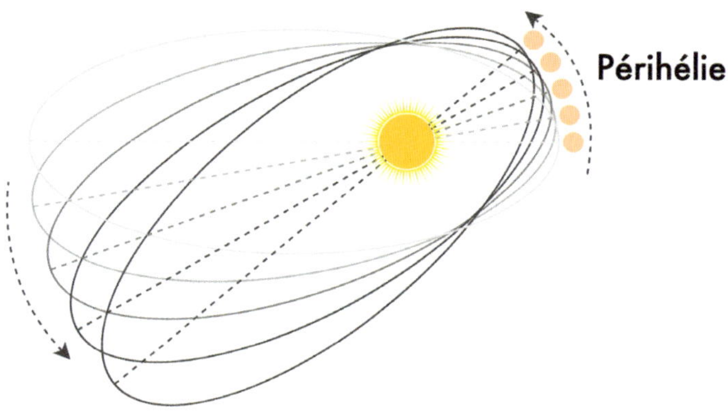

L'axe de l'ellipse que parcourt Mercure sur son orbite tourne au cours du temps, ainsi que le périhélie de l'orbite (point le plus proche du Soleil).

Newton, nous avons un problème

De nouveau, les astronomes sont dos au mur : si l'on considère le système Mercure-Soleil comme isolé de toute influence extérieure, l'orbite ne peut que rester fixe. L'anomalie serait-elle, comme pour Uranus, imputable aux planètes avoisinantes ? En partie, oui : en prenant en compte la légère influence gravitationnelle de celles-ci, on obtient effectivement une légère précession du périhélie, mais sa vitesse ne coïncide pas avec les mesures. Les calculs furent effectués en 1859 par le découvreur de Neptune en personne, Urbain Le Verrier ; autant dire qu'on peut leur faire confiance.

La gravitation universelle de Newton s'avère ainsi incapable de décrire précisément l'orbite de Mercure. C'est son premier échec majeur, deux cents ans après son élaboration – ce qui reste très honorable, et fait d'elle une des théories les plus puissantes de l'histoire de la physique ! Toujours enseignée au lycée, elle reste essentielle pour comprendre avec une bonne précision le mouvement des objets à notre échelle.

C'est la relativité générale d'Albert Einstein qui saura la première expliquer la précession du périhélie. Faute de télescopes assez puissants, on n'observait ce phénomène que pour Mercure au temps de Le Verrier, mais il affecte en réalité toutes les planètes du Système solaire.

Nous parvenons donc enfin à cette théorie révolutionnaire : inspirez un grand coup, et préparez-vous à jeter vos préconceptions sur la gravité par-dessus bord !

CHAPITRE 4

LA RELATIVITÉ GÉNÉRALE

UNE HEUREUSE IDÉE

En 1907, Albert Einstein ne disposait pas des meilleures conditions pour travailler. Malgré ses découvertes remarquables deux années plus tôt, il travaillait encore pour l'office des brevets afin de compléter ses fins de mois – étudiant récalcitrant, il n'occupait pas un poste académique. L'après-midi, il devait sortir ses cahiers en cachette pour se plonger dans des problèmes de physique. C'est lors d'un après-midi de 1907, en lisant dans les faits divers la mésaventure d'un ouvrier tombé d'un toit, que lui vint « l'idée la plus heureuse de sa vie » : celle qui allait révolutionner la gravité.

Le monde à l'envers

L'heureuse idée d'Einstein est peut-être plus simple encore que celle qu'eut Newton en voyant tomber la fameuse pomme, mais non moins révolutionnaire.

Einstein remarqua d'abord que lorsque l'ouvrier tombe du toit, ses outils flottent autour de lui, comme s'ils ne ressentaient pas la gravité. Jusque-là, rien d'extraordinaire : plusieurs siècles plus tôt, Galilée avait déjà compris que les objets tombent tous à la même vitesse. Newton avait interprété ce phénomène par le biais de son « principe d'équivalence », évoqué au chapitre 2 de ce livre : l'ouvrier étant plus massif que ses outils, il ressent une force gravitationnelle plus forte, mais il est aussi plus réticent à accélérer. Coïncidence : ces deux effets se compensent, impliquant qu'il ne tombe ni plus vite ni moins vite que ses outils.

Pour Einstein, cette compensation ne peut pas être le fruit d'une coïncidence. Son idée fut la suivante : si l'ouvrier tombe aussi vite que ses outils, c'est parce que ni lui ni ses outils ne ressentent la gravité ; ils n'accélèrent pas ! Vous avez ici toutes les raisons de froncer les sourcils, car cette phrase est difficile à accepter. L'objection qui peut venir à l'esprit est la suivante : comment peut-on dire que l'ouvrier n'accélère pas, alors qu'un piéton passant sur le trottoir le verrait sans aucun doute accélérer vers le bas ? Ici, gardons à l'esprit que tout est une question de point de vue. L'ouvrier, lors de sa chute, voit le monde autour de lui accélérer vers le haut ! Comme pour le paradoxe des jumeaux de Langevin, évoqué au chapitre 2, il faut se poser la question suivante : qui a raison, entre l'ouvrier et le passant ? Qui accélère *réellement* ?

Le principe d'équivalence revisité

Aussi surprenant que cela puisse paraître, c'est l'ouvrier qui a raison ! La seule manière de savoir qui accélère *réellement* est de se demander qui *ressent* une accélération physiquement. L'ouvrier qui tombe ne ressent rien ; si le vent dans ses cheveux et les immeubles alentour n'étaient pas là pour lui rappeler qu'il tombe, il ne s'en douterait pas ! Tout se passe exactement comme s'il flottait en apesanteur, loin de toute source de gravité.

À l'inverse, le piéton ressent la gravité : c'est cette force qui lui cloue les pieds au sol. Nous sommes tellement habitués à cette force que nous ne la ressentons plus. Pourtant, elle est là et elle est loin d'être faible ! Pensez à cette force qui vous écrase contre le fauteuil lors du décollage d'un avion : elle est deux fois plus faible que la gravité terrestre ! Seulement, comme elle nous cloue au fauteuil plutôt qu'au sol, elle procure une sensation inhabituelle et assez intense.

Pour achever de convaincre le lecteur, faisons appel à une expérience de pensée qui fera revenir sur scène notre héros imaginaire, Adrien. Ce dernier a quitté son train, et voyage désormais dans l'espace, à bord d'une petite fusée. Après une longue journée de voyage intersidéral, Adrien se couche et active le pilote automatique. Au réveil, stupéfaction : lui qui était habitué à l'apesanteur depuis des mois ressent désormais une force qui lui cloue les pieds au plancher, comme sur Terre !

La fusée se serait-elle posée sur une planète dont Adrien ressent la *gravité* pendant son sommeil ? Ou la fusée a-t-elle allumé ses réacteurs, et c'est *l'accélération* vers le haut qu'Adrien ressent ? Notre voyageur ne peut le savoir sans regarder à travers le hublot de la fusée. Einstein en déduit que ces deux scénarios sont physiquement *équivalents*. Cette nouvelle manière d'interpréter la chute des corps constitue le **principe d'équivalence d'Einstein**, ou principe d'équivalence fort, par opposition au principe d'équivalence de Newton, souvent appelé principe d'équivalence faible.

La gravité n'est pas une force

Par cette expérience de pensée, on comprend mieux pourquoi il est faux d'interpréter la gravité comme une force attractive exercée par la Terre. Pensez à la fusée : Adrien ressent, lors de l'accélération, une force qui le plaque contre le plancher. Mais il est évident que ce n'est pas le plancher qui l'attire : c'est l'inertie d'Adrien qui l'écrase contre le plancher !

Dire que la Terre nous attire par gravité est, en un sens, aussi absurde que de dire que lorsqu'on décolle dans un avion, le fauteuil dans lequel on est assis se met à nous attirer. Répétons-le : la Terre ne nous attire pas, c'est le plancher terrestre qui accélère vers le haut, comme celui de l'ascenseur[2]. Ce changement de paradigme, c'est celui qui fonde la **relativité générale** : ce que nous appelons la *gravité* n'est rien d'autre que la manifestation d'une *accélération* permanente que nous ne percevons pas.

Cette idée permet de répondre de manière claire à la question suivante : la lumière ressent-elle la gravité ? Selon la théorie newtonienne, la force gravitationnelle que ressent un corps est proportionnelle à sa masse : on s'attend donc à ce qu'elle soit nulle pour un rayon lumineux, qui est dépourvu de masse. Cependant, l'expérience de pensée de la fusée apporte la réponse inverse !

Imaginons que ce rayon traverse la fusée, de gauche à droite. Comme la fusée accélère vers le haut, la trajectoire du rayon n'est pas rectiligne : elle s'incurve vers le bas, et ressort du hublot à droite un peu plus bas qu'elle est entrée. Mais comme on vient de le dire, l'accélération et la gravité sont deux notions équivalentes.

2. Vous vous demandez pourquoi la Terre ne grossit pas du fait de cette accélération ? Vous faites bien, car la réponse est très délicate : c'est en réalité l'espace qui se contracte autour de la Terre... Mais pour comprendre cela, nous allons devoir introduire quelques outils supplémentaires.

Ainsi, la gravité n'agit pas que sur les objets possédant une masse : elle peut aussi dévier les rayons lumineux !

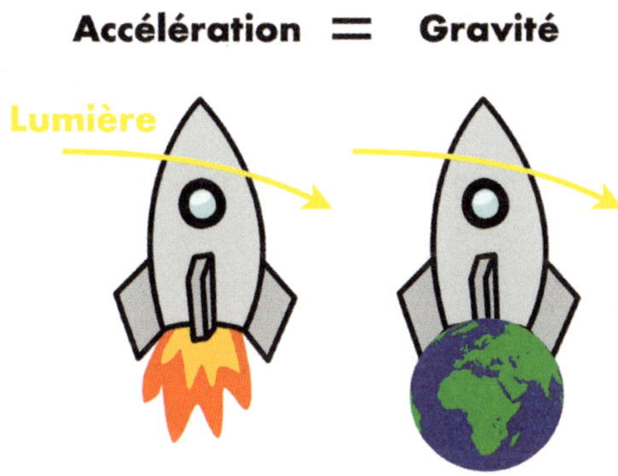

L'expérience de pensée de la fusée nous montre que l'attraction gravitationnelle est impossible à distinguer de la force liée à une accélération vers le haut. Les deux scénarios sont donc équivalents. Ceci a une conséquence importante : la gravité courbe la trajectoire de la lumière, en jaune !

La gravité affecte le temps

L'expérience de pensée de la fusée ne bouleverse pas seulement notre perception de la gravité. Elle nous apprend aussi que la gravité a le don de *ralentir le temps*.

Pour illustrer cela, reproduisons l'expérience qui nous avait permis de comprendre la dilatation du temps en relativité restreinte. Demandons à Adrien d'émettre un rayon de lumière depuis le plafond au moment où sa fusée se met à accélérer. Demandons aussi à son amie Cécile, flottant à proximité dans l'espace, de mesurer la durée que met le rayon pour faire un aller-retour entre le plafond et le sol.

Le trajet aller est plus court que la normale, car le sol avance vers le haut de son point de vue. Inversement, le trajet retour est plus long, car le plafond avance aussi vers le haut. Seulement, les deux effets ne se compensent pas : le plafond, qui n'a cessé d'accélérer vers le haut durant le trajet, a davantage avancé que le sol ! Ainsi, Cécile mesure un aller-retour plus long, ce qui signifie que son temps s'écoule plus vite que celui d'Adrien. On en déduit la chose suivante : l'accélération, ou, de manière équivalente, la gravité, a le don de *ralentir l'écoulement du temps* !

Cette propriété apporte une réponse au paradoxe des jumeaux soulevé par Langevin en 1911 : le jumeau voyageur revient plus jeune que son frère, car il a accéléré lors de son périple. Mais elle ajoute aussi une couche de complexité supplémentaire à notre conception du temps. Dans la relativité restreinte, le temps s'écoule de la même manière pour deux observateurs immobiles l'un par rapport à l'autre : c'est lorsqu'ils sont en mouvement qu'ils mesurent des durées différentes. Dans la relativité générale, même des observateurs immobiles l'un par rapport à l'autre peuvent mesurer des durées différentes s'ils subissent des champs gravitationnels différents.

LA PHYSIQUE D'*INTERSTELLAR*

Un des plus beaux hommages à la théorie de la relativité générale est donné par le film *Interstellar* de Christopher Nolan, qui raconte un voyage intersidéral à travers une faille dans l'espace-temps. Le conseiller scientifique du film n'est autre que le physicien américain Kip Thorne, récipiendaire du prix Nobel de physique en 2017, trois ans après la sortie du film ! Comme nous aborderons plusieurs scènes du film au cours de ce livre pour expliquer la physique sous-jacente, nous mettons en garde le lecteur contre d'éventuels « divulgâchages ».

Lors d'une de ses péripéties, le héros du film, Cooper, passe quelques heures sur une planète proche d'un trou noir. En raison du fort champ gravitationnel, chaque heure passée sur la planète correspond à plusieurs années sur Terre ! Ce qui vaut à Cooper l'amère surprise de retrouver sa propre fille plus vieille que lui, comme le jumeau aventurier de Langevin...

De la relativité dans votre smartphone

Si la gravité ralentit le temps et que la gravité diminue à mesure qu'on s'éloigne de la Terre, qu'en déduit-on ? Que le temps s'écoule plus vite en altitude ! Ainsi, les habitants du dernier étage d'un immeuble vieillissent plus vite que ceux habitant au rez-de-chaussée. On pourrait même dire que votre tête vieillit plus vite que vos pieds quand vous êtes debout ! Ces effets sont à peine mesurables sur Terre en raison des faibles différences d'altitude, et ne représentent qu'une fraction de seconde de décalage par an.

Mais l'effet devient notable lorsqu'il s'agit des technologies de GPS utilisées dans nos smartphones, et il est pris en compte : sans la relativité, les satellites en orbite qui assurent le fonctionnement de nos GPS se tromperaient de quelques dizaines de mètres ! La relativité générale n'est donc pas qu'une théorie fantaisiste : elle s'applique très concrètement dans un objet de la vie quotidienne.

UN ESPACE-TEMPS MALLÉABLE

Nous venons d'affirmer que la gravité n'est pas une force : les choses qui « tombent » ne ressentent rien. Mais une contradiction demeure. Si la gravité n'est pas une force, comment peut-elle dévier la trajectoire des objets ? Pourquoi la Lune tourne-t-elle autour de la Terre si elle ne subit pas de force ? En réalité, la trajectoire courbée de la Lune n'est, elle aussi, qu'une illusion : elle se déplace en réalité en ligne droite. Pour comprendre cela, nous allons introduire un concept fondamental : la courbure.

Qu'est-ce que la courbure ?

Nous sommes tous plus ou moins familiers avec la géométrie enseignée au collège, qui est l'œuvre de grands mathématiciens grecs comme Euclide, Pythagore ou Thalès : c'est la géométrie euclidienne. Les objets qu'elle étudie sont les droites, les triangles, les cercles, et toutes les autres figures que l'on peut dessiner sur un tableau avec une craie. Mais la géométrie ne se limite pas à ce qui se déroule sur un tableau à craie : elle s'intéresse au monde réel ! Ce dernier est fait de bosses et de reliefs, de surfaces aussi complexes que celles d'une montagne ou d'un canyon. En un mot comme en cent, notre monde est courbé, et cette courbure a des conséquences assez surprenantes.

Un axiome bien connu de la géométrie euclidienne affirme que deux droites parallèles ne se coupent jamais. Ainsi, si la Terre était plate, deux avions décollant sur des pistes parallèles et se déplaçant en ligne droite ne se croiseraient jamais. Mais contrairement à ce que nous poussent à croire les cartes du monde, la Terre n'est pas plate : c'est une sphère. Imaginez deux avions qui s'élancent plein nord depuis l'équateur, comme illustré dans la figure ci-dessous. Si l'on représente leurs trajectoires sur un planisphère, on voit deux lignes parallèles qui ne se croisent pas (figure de gauche). Mais c'est une illusion totale, liée à la difficulté de représenter la Terre sur une carte plane (essayez d'aplatir une pelure d'orange : elle se déchirera inévitablement). En réalité, les trajectoires, bien que parallèles au moment du décollage, finiront par se rejoindre au niveau du Pôle Nord (figure de droite) !

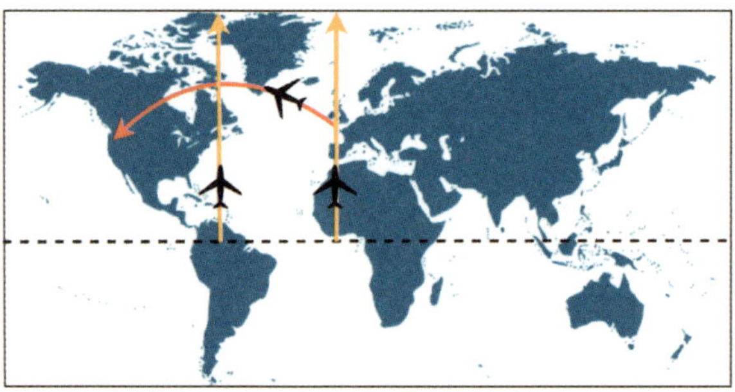

Lorsque l'on projette une surface courbée sur une surface plane, notre intuition rencontre des problèmes. Les trajectoires parallèles sur le planisphère finissent par se rejoindre sur le globe (lignes jaunes), et le vol Paris-Vancouver le plus direct sur le globe semble prendre un détour inutile par le Groenland sur le planisphère (ligne rouge).

Nous ne venons pas de contredire les fondements de la géométrie euclidienne, mais simplement de comprendre l'effet de la courbure : les propriétés géométriques vraies sur une feuille de papier plate ne le sont plus sur une surface courbée ! Cette révélation est à l'origine de ce que l'on appelle la géométrie non euclidienne, qui se développe à partir du XIXe siècle sous l'influence de Carl Gauss, surnommé le prince des mathématiciens, puis de Bernhard Riemann – on parle aussi de géométrie *riemannienne*.

Ce premier exemple montre combien notre perception des trajectoires peut être faussée dès lors qu'on a affaire à des surfaces courbées comme celle de la Terre. Un autre exemple de cette illusion est donné par les trajectoires des avions long-courriers : les vols Europe-Amérique du Nord passent souvent par le Groenland, une trajectoire qui semble absurde sur un planisphère classique. Mais en se munissant d'un globe terrestre, il est facile de voir que cette trajectoire est bel et bien la plus directe !

Qu'est-ce qu'une dimension ?

L'autre ingrédient nécessaire à l'élaboration de la relativité générale est la notion de *dimension*. Nous l'avons déjà rencontrée en définissant la notion d'espace-temps, au chapitre 2. Cependant, la dimension d'une surface courbée est plus délicate à définir, et nous allons découvrir cela par des exemples.

Linéa, ce monde imaginaire qui nous a permis d'illustrer le mouvement des objets dans l'espace-temps de la relativité restreinte, est uniquement constitué d'une ligne droite, et ses habitants ne peuvent qu'avancer ou reculer le long de cette ligne. On dit donc que Linéa est un monde à *une* dimension spatiale.

Si maintenant on autorise ses habitants à se déplacer sur une feuille de papier, ils pourront effectuer d'autres mouvements : se déplacer selon l'axe « avant-arrière », ou selon l'axe « gauche-droite ». La feuille de papier possède donc *deux* dimensions.

En ce qui nous concerne, nous vivons dans un espace à trois dimensions, puisqu'en plus des deux axes précédents, nous pouvons aussi emprunter l'axe « haut-bas ». On le voit, la dimension d'un espace donné correspond au nombre des différents mouvements possibles pour les habitants de cet espace.

Mais alors, quelle est la dimension d'un objet courbé comme un cercle ? Bien que les habitants de Linéa vivent sur la feuille de papier où le cercle est dessiné, ils ne peuvent réaliser qu'un seul mouvement : se déplacer dans le sens horaire ou antihoraire. Pour les habitants d'une sphère, ce qui correspond à notre situation sur la Terre si on néglige l'altitude, il y a deux mouvements possibles : se déplacer en suivant les méridiens, c'est-à-dire l'axe nord-sud, ou se déplacer suivant les parallèles, c'est-à-dire l'axe est-ouest. Un cercle « vit en deux dimensions », mais n'en possède qu'une ; de même, la sphère « vit en trois dimensions », mais n'en possède que deux.

FLATLAND

Pour les lecteurs curieux de découvrir ce que pourrait être la vie en une ou deux dimensions, nous conseillons vivement la lecture de *Flatland*, court roman publié en 1886 par Edwin Abbott. Il raconte l'histoire d'une civilisation vivant sur une surface à deux dimensions. Peuplée de traits, de triangles ou de carrés, la société y est très structurée : plus un habitant a de côtés, plus son rang est élevé. Le personnage principal de cette histoire, un carré, rencontre un jour ce qui se révèle être une sphère traversant *Flatland* depuis la troisième dimension...

Écrit bien avant la naissance de la relativité générale, ce récit vise à nous faire ressentir ce qu'est un espace à quatre dimensions, en nous faisant découvrir la troisième dimension, qui nous est si familière, à travers les yeux émerveillés d'un carré qui n'en observe que la projection. Une tout autre perspective sur notre réalité !

L'espace-temps est courbé

L'espace-temps de la relativité générale ressemble à l'espace-temps de la relativité restreinte, en ce sens qu'il possède quatre dimensions, dont trois dimensions spatiales et une dimension temporelle, qui correspond à l'axe « passé-futur ». À l'inverse des trois autres, cet axe est une flèche qui ne peut être empruntée que dans un sens : du passé vers le futur.

La différence majeure entre l'espace-temps de la relativité restreinte et celui de la relativité générale est *géométrique* : le premier est plat, alors que le second est courbé ! Dans son livre intitulé *La Relativité* (publié en France en 1956), Einstein utilise la métaphore du mollusque : l'espace-temps de la relativité générale est « mou », il est capable de se déformer, à l'inverse de l'espace-temps de la relativité restreinte, qui est droit et rigide. Seulement, on ne peut pas *voir* cette courbure. Visualiser la courbure d'une sphère est facile, car nous « voyons » en trois dimensions, et la sphère vit en trois dimensions. Mais visualiser la courbure de l'espace-temps, c'est-à-dire celle d'une surface à quatre dimensions, est parfaitement impossible ! Ainsi, notre intuition des trajectoires dans l'espace-temps est vouée à être faussée, comme lorsqu'on regarde les trajectoires des avions sur un planisphère.

C'est en quelque sorte le *premier postulat* de la relativité générale : nous vivons dans un espace-temps courbé à quatre dimensions. Mais la relativité générale ne peut se résumer à ce simple postulat. En effet, c'est avant tout une théorie *physique*, qui a donc vocation à relier la courbure de l'espace-temps à des phénomènes *réels*. Et puis, quel rapport avec la gravité ?

DU CONTENANT AU CONTENU

Huit années séparent les premières expériences de pensée d'Einstein sur la gravité et la publication, en novembre 1915, de la théorie de relativité générale. Durant ce temps, Einstein, épaulé dans son travail par sa femme Mileva et son ami mathématicien Marcel Grossmann, chercha à donner à la courbure de l'espace-temps, une notion a priori mathématique, une contenance et une existence physique.

D'où vient la courbure ? Comment nous influence-t-elle ? La réponse à ces deux questions fut résumée ainsi par le physicien américain John Wheeler :

« La matière dit à l'espace-temps comment se courber ; l'espace-temps dit à la matière comment se déplacer. »

Considérons cette citation comme le **second postulat** de la relativité générale, et disséquons-le pour comprendre ses implications.

La matière induit la courbure

Par « matière », on entend toute forme de masse. Concrètement, des objets très massifs comme la Terre déforment l'espace-temps autour d'eux. Mais nul besoin de peser aussi lourd : même votre corps courbe légèrement l'espace-temps ! Le terme masse est d'ailleurs à prendre au sens large : nous avons vu que tout corps qui possède de l'énergie possède également une masse « effective » par la formule $E=mc^2$. Ainsi, même les photons, ces minuscules grains qui constituent la lumière, peuvent courber l'espace-temps du fait de l'énergie qu'ils transportent !

La courbure induite par la matière est localisée : en s'éloignant d'un objet massif, il devient de plus en plus difficile de percevoir son impact sur l'espace-temps. De ce fait, si on se situe loin de toute forme de matière, par exemple dans le vide intersidéral, l'espace-temps est parfaitement plat.

Le lien exact entre matière et courbure est décrit par une équation fondamentale : **l'équation d'Einstein**. Cette formule peut s'écrire de manière très simple sous la forme suivante : $G=T$. Le terme de gauche est appelé le tenseur d'Einstein : c'est l'objet mathématique qui décrit la courbure de l'espace-temps. Le terme de droite est appelé le tenseur énergie-impulsion, un nom pompeux pour dire qu'il décrit la présence d'énergie (et donc de masse).

La courbure fait tourner la matière

Attaquons maintenant la seconde partie du second postulat : comment la courbure de l'espace-temps influence-t-elle le mouvement des corps qu'il contient ? La réponse est particulièrement surprenante : dans l'espace-temps, les corps vont tout droit. Vous vous dites qu'il y a un piège ? Vous avez raison : il faut préciser ce que l'on entend par « aller tout droit ».

Se déplacer tout droit sur une surface courbée n'est pas aussi simple que sur une surface plane, et la trajectoire résultante n'est pas nécessairement ce qu'on appelle communément une ligne droite.

Reprenons l'exemple d'un avion à la surface de la Terre : si le pilote s'endormait, l'avion « irait tout droit », c'est-à-dire qu'il ne prendrait aucun virage. Pour autant, la trajectoire serait-elle une ligne droite sans fin ? Non. L'avion parcourrait naturellement un tour complet de la planète et repasserait par son point de départ. À cause de la courbure de la Terre, la trajectoire n'est pas une ligne droite, c'est un cercle ! Ce n'est pas l'avion qui a tourné : c'est la courbure de la surface sur laquelle il se déplace qui a « déformé » sa trajectoire.

Il se passe exactement la même chose pour la matière contenue dans l'espace-temps. Les planètes, les étoiles et les galaxies sont plongées dans cette surface que nous appelons espace-temps, de la même manière que nous vivons à la surface de la Terre. À l'instar de notre avion, tous ces astres avancent tout droit, en se laissant porter par la courbure de l'espace-temps : on dit qu'ils suivent des **géodésiques**. De manière anachronique, on pourrait reprendre le vocabulaire d'Aristote, et dire que les astres suivent les trajectoires « naturelles » de l'espace-temps.

Visualiser la relativité générale

L'interaction entre l'espace-temps et son contenu est le principe de base de la relativité générale. Ce qui est essentiel ici est la réciprocité de cette interaction, et pour aider le lecteur à la visualiser, nous en proposons deux représentations dans la figure suivante.

La figure de gauche représente la Lune en orbite autour de la Terre. L'espace-temps est ici représenté par une sorte de drap, c'est-à-dire une surface en deux dimensions qui s'étend infiniment. La Terre étant très massive, elle courbe ce drap comme si elle était posée dessus. Ainsi, la Lune ne « tourne » pas autour de la Terre : elle suit la courbure que la Terre imprime à l'espace-temps, ce qui lui donne sa trajectoire circulaire, comme l'avion qui fait le tour du monde sans tourner. Bien qu'intuitive, cette représentation est problématique, car elle ne représente pas à proprement parler un espace-temps : ici, les deux dimensions du drap sont des dimensions d'espace, et la dimension temporelle n'est pas représentée.

Nous nous tournons donc de nouveau vers l'espace-temps de Linéa pour vous proposer une représentation plus fidèle, et de surcroît interactive (voir figure de droite). Plaçons, dans cet espace-temps, deux pommes de part et d'autre d'un objet très lourd comme la Terre. En l'absence de gravité, ces trois corps sont immobiles et leurs trajectoires dans l'espace-temps sont des lignes droites dirigées vers le futur.

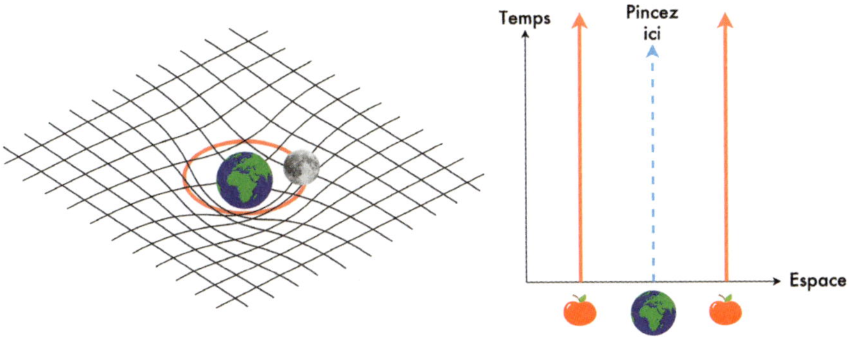

Deux représentations très différentes du lien entre la courbure de l'espace-temps et la gravité. Dans la figure de droite, vous pouvez courber l'espace-temps de Linéa vous-même en pinçant la feuille par en dessous, à l'endroit indiqué. Vous verrez alors les pommes tomber sur la Terre.

Pour simuler le champ gravitationnel de la Terre, il suffit de courber l'espace-temps autour de cette dernière, ce que vous pouvez expérimenter en pinçant la page par en dessous, comme indiqué sur la figure. Vous observerez alors que les trajectoires des pommes convergent vers la Terre. Plus vous pincez fort, plus vous donnez de masse à la Terre, et plus les pommes « tombent » vite ! Cette représentation a l'avantage d'être conforme aux principes géométriques qui sous-tendent la relativité générale, mais elle ne peut décrire qu'un monde à une dimension comme celui de Linéa.

Ces deux représentations sont imparfaites, et là réside toute la difficulté pédagogique liée à la relativité générale : il faut choisir entre une représentation fidèle à la géométrie (celle de droite) et une représentation qui ressemble à notre monde (celle de gauche). Malheureusement (ou heureusement ?), un dessin figé sur une feuille de papier ne peut capturer d'un seul coup toute la complexité de notre monde.

Un nouveau paradigme

Maintenant que nous avons énoncé les principes de base de la relativité générale d'Einstein, prenons le temps de la comparer à l'attraction universelle de Newton. La théorie de Newton nous explique que la Lune tourne autour de la Terre par l'intervention d'une force : l'interaction gravitationnelle. La théorie d'Einstein introduit un nouvel objet : l'espace-temps. Le changement de paradigme est spectaculaire : la gravité n'est plus une force, c'est même l'absence totale de force. La Lune va tout droit dans l'espace-temps, mais sa trajectoire nous paraît circulaire parce que l'espace-temps est courbé du fait de la présence de la Terre. Pour Einstein, les corps n'interagissent pas directement entre eux : c'est l'espace-temps qui joue le rôle de médiateur de la gravité.

Une autre différence majeure est le degré de mathématisation de la relativité générale par rapport à la théorie de Newton. Dans la théorie d'Einstein, la gravité n'est que géométrie et s'affranchit du concept de force, qui apparaît comme superflu. Cette parcimonie dans la description de la réalité fait de la relativité générale une théorie très élégante. Le mathématicien allemand Hermann Weyl, qui s'attela dès 1918 à marier relativité générale et électromagnétisme, fit même de l'élégance un principe directeur de la recherche scientifique :

« Mon travail a toujours essayé d'unifier le vrai et le beau, mais lorsqu'il fallait choisir entre les deux, j'optais habituellement pour le beau. »

Pour autant, il ne faut pas mettre au placard les théories de Newton, qui sont très efficaces pour décrire la gravitation à notre échelle. Pas besoin d'invoquer la courbure de l'espace-temps pour expliquer la trajectoire d'un ballon ! Sur un terrain de football comme partout ailleurs sur Terre, les deux théories prédisent la même chose, et la relativité générale n'apporte que d'imperceptibles corrections. Comme nous allons le voir dans la suite de ce livre, c'est sur le terrain cosmique qu'elles se distinguent radicalement.

RÉSOUDRE L'ÉQUATION D'EINSTEIN

La relativité générale illustre l'interaction entre la physique et les mathématiques. Einstein lui-même, plus physicien que mathématicien, se fera conseiller en juin 1915 par David Hilbert, le mathématicien le plus célèbre de son temps, pour établir la fameuse équation qui porte aujourd'hui son nom.

Dès 1917, une première solution à cette équation fut trouvée par le physicien Karl Schwarzschild dans un cas très particulier : celui des objets sphériques, qui donnera naissance aux trous noirs, objets du chapitre 7 de ce livre. Ce n'est qu'en 1952 que la mathématicienne française Yvonne Choquet-Bruhat démontra qu'il existe toujours des solutions à l'équation d'Einstein, quelle que soit la matière présente dans l'espace-temps. En 1979, elle devient la première femme élue à l'Académie des Sciences.

Cependant, savoir qu'il existe des solutions ne nous dit pas comment les trouver ! Contrairement aux équations de Newton qui peuvent facilement être résolues à la main, l'équation d'Einstein doit généralement être résolue à l'aide de longs calculs sur des ordinateurs très puissants : on parle de relativité numérique.

LES LENTILLES DU COSMOS

Le livre que vous tenez entre les mains, écrit plus de cent ans après la publication de la relativité générale en novembre 1915, n'existerait pas si cette théorie n'avait pas pu prouver son immense mérite. Malgré son triomphe face à l'énigme du périhélie de Mercure, la communauté scientifique exigeait plus de preuves expérimentales pour accepter le changement de paradigme que proposait Einstein. En 1919, l'astrophysicien anglais Arthur Eddington (1882-1944) s'attela donc à valider une des prédictions d'Einstein : l'effet de la gravité sur la lumière. Il fut le premier homme à « voir » les extraordinaires mirages lumineux qui découlent de la relativité générale.

Un mirage dans l'espace

La relativité générale affirme haut et fort que la courbure de l'espace-temps influence le mouvement des corps qu'il contient. Ce principe s'applique aux satellites autour de la Terre, mais aussi à la lumière. Le trajet de cette dernière peut être dévié en passant près d'étoiles ou de galaxies : on parle alors de **mirage gravitationnel**. Ce n'est pas sans rappeler les mirages qui peuvent être observés sur Terre, par exemple l'impression de voir des flaques d'eau sur les routes sèches en été. Cette illusion est créée par la déflexion de la lumière du ciel : lorsqu'elle passe près du bitume brûlant, elle rebondit comme sur un miroir. Habitué à ce que la lumière se propage en ligne droite, notre œil en conclut qu'une flaque se trouve sur le sol, alors qu'il observe le bleu du ciel (voir figure de gauche ci-dessous).

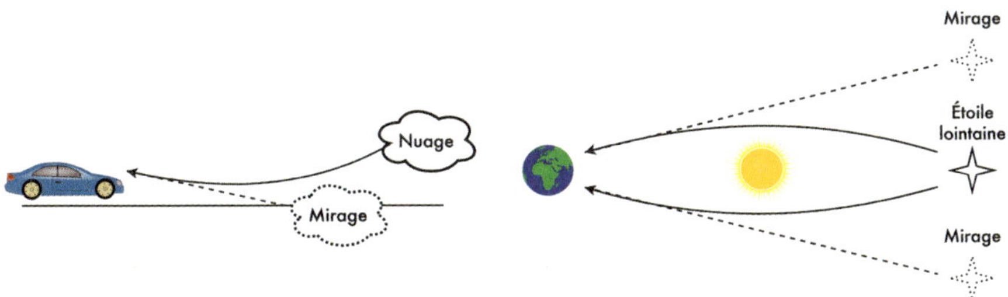

Gauche : effet de mirage sur une route chaude, l'été.
Droite : effet de lentille gravitationnelle causé par le Soleil.

Un des effets de mirage gravitationnel les plus célèbres est le phénomène de **lentille gravitationnelle**. Derrière cet étrange nom se cache une technique d'astronomie encore très utilisée de nos jours (voir figure de droite). Imaginons un astronome pointant sa lunette en direction du Soleil, et plaçons derrière le Soleil une autre étoile, hors de la vue de l'astronome. Influencés par la courbure de l'espace-temps autour de notre cher Soleil, certains des rayons lumineux issus de l'astre lointain s'incurvent pour finalement rejoindre l'œil de l'astronome. Le Soleil joue donc le rôle d'une lentille optique, en focalisant les rayons en direction de la Terre.

Sur la figure, les rayons apparents sont en pointillé et mènent à plusieurs images fantômes de l'étoile lointaine. Si le Soleil ne faisait pas contre-jour, l'astronome aurait donc l'impression que cette étoile se situe à plusieurs positions différentes autour du Soleil. Dans certaines circonstances, cet effet peut former un cercle parfait autour de l'objet central (ici le Soleil), appelé **anneau d'Einstein** : un superbe exemple est donné par la photographie suivante, prise par le télescope Hubble en 2014.

Les doutes s'éclipsent

En 1919, quatre ans après les premières publications d'Einstein sur la relativité générale, les mirages gravitationnels n'étaient qu'une idée abstraite. Cette année-là, Arthur Eddington, un des premiers astronomes à s'intéresser à la relativité générale, entreprit de les observer. Son idée était simple : observer des étoiles se trouvant à proximité du Soleil dans le ciel, et chercher des « intrus » – des étoiles qui devraient être cachées par le disque solaire, mais deviennent visibles par mirage gravitationnel. Facile à imaginer, mais difficile à réaliser à cause du Soleil lui-même qui fait contre-jour : on ne peut pas observer son voisinage sans s'aveugler.

Pour mener à bien son expérience, Eddington avait donc besoin de quelque chose pour faire écran entre le Soleil et la Terre. Par chance, la Lune permet de faire exactement cela. Sa taille apparente dans le ciel étant précisément la même que celle du Soleil (une coïncidence inouïe !), elle peut recouvrir parfaitement notre étoile lors d'événements assez rares : les éclipses solaires. En 1919, la chance était décidément du côté d'Eddington : une superbe éclipse solaire était prévue pour le 29 mai, la plus longue depuis plusieurs siècles ! L'astronome anglais embarqua donc son matériel vers les îles de Sao Tomé-et-Principe, au large du Gabon, et put y observer pendant quelques précieuses minutes le premier mirage gravitationnel de l'histoire.

Malgré des mesures peu précises, on retiendra l'expérience d'Eddington comme la première manifestation directe des effets de la relativité générale. Cet événement fut aussi un fort symbole de paix, car il vit un astronome anglais confirmer la théorie d'un physicien allemand dans une Europe tout juste sortie de la Première Guerre mondiale.

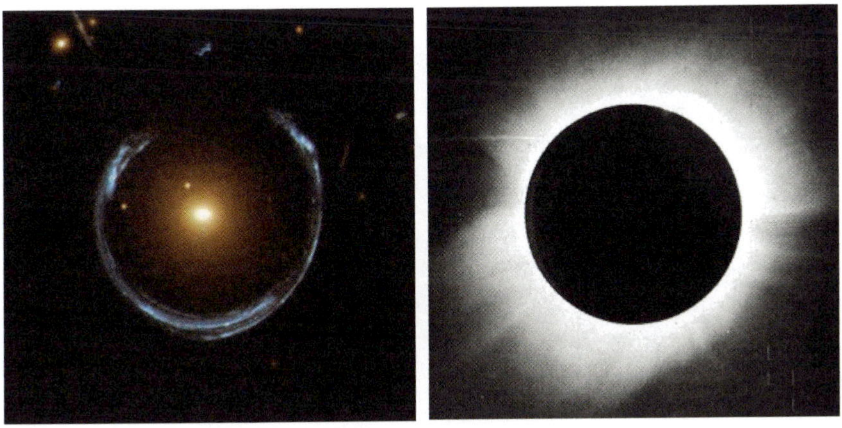

Gauche : un anneau d'Einstein formé par la distorsion d'une galaxie autour d'une étoile, observé par le télescope Hubble en 2014.
Droite : une photographie originale de l'éclipse solaire du 29 mai 1919.

TROISIÈME PARTIE

UN UNIVERS VIVANT

« Deux choses sont infinies : l'Univers et la bêtise humaine. Mais, en ce qui concerne l'Univers, je n'en ai pas encore acquis la certitude absolue. »

ALBERT EINSTEIN

Courageux aventurier de l'espace-temps, vous arrivez ici à mi-chemin de votre voyage. Vous vous êtes familiarisé avec la révolutionnaire théorie relativiste, et avez pu goûter à quelques-uns de ses succès, de la précession du périhélie de Mercure aux gracieux anneaux d'Einstein. Mais la relativité est bien plus qu'un attirail théorique : elle a surtout révolutionné notre manière de percevoir le cosmos. Les deux dernières parties de ce livre seront consacrées à ses applications.

L'origine grecque du mot, *kosmos,* en dit long sur sa signification antique : comme le mot « cosmétique », elle fait allusion à la beauté du ciel nocturne et à l'ordre qui y règne. Rien d'étonnant donc à ce que le cosmos soit né d'une impulsion transcendantale : c'est le récit, appelé *cosmogonie,* qu'en donnent de nombreuses religions. Pourtant, les scientifiques ont rapidement voulu établir une description moins spéculative de ce qui est à l'origine du tout. Et l'idée la plus naturelle n'est-elle pas celle d'un cosmos éternel et infini ? On aime se l'imaginer comme un simple récipient dans lequel se meuvent les choses selon le flot régulier du temps. Pourtant, la relativité nous apprend que l'espace et le temps sont bien plus que cela : ensemble, ils forment une entité malléable, l'espace-temps. L'Univers devient donc un objet en soi, une chose vivante qui respire et grandit.

L'étude de cet objet s'appelle la cosmologie et fera l'objet de cette troisième partie. Les questions qu'elle abordera sont aussi primordiales que vertigineuses : comment l'Univers est-il né ? Mourra-t-il un jour ? Quelle est sa forme ? Est-il infini ?

CHAPITRE 5

UN UNIVERS EN EXPANSION

L'UNIVERS A-T-IL UNE HISTOIRE ?

Ce chapitre retrace le cheminement, au cours du XXe siècle, de la cosmologie, cette discipline qui s'intéresse à l'histoire de l'Univers. Bien que profondément inscrite dans l'imaginaire collectif (qui n'a jamais entendu parler du « Big Bang » ?), l'idée même que l'Univers possède une histoire est assez récente, et Einstein lui-même s'y opposa. Pourtant, ce sont ses propres travaux qui, bien malgré lui, nous en donnèrent la certitude. Notre chronologie commence donc en 1915, l'année où naît la relativité générale. Cette même année s'ouvre un grand débat mêlant physique, métaphysique et théologie, qui fera couler de l'encre jusqu'en 1929 : l'Univers a-t-il une histoire ?

Qu'est-ce que l'Univers ?

Commençons par clarifier le sens du mot Univers. Dans le langage courant, on entend généralement par univers l'ensemble de tout ce qui « existe » : la Terre, les autres planètes, notre galaxie et celles qui l'entourent. L'univers serait donc *constitué* des choses qu'il *contient*, de la même manière que le livre que vous tenez entre vos mains est constitué d'atomes. Que se passe-t-il si on enlève un à un ces atomes ? Progressivement, le livre disparaît et finit par ne plus exister du tout. Essayons d'appliquer le même traitement à l'univers : si on enlève une à une toutes les planètes et étoiles, l'univers se vide, mais cesse-t-il d'exister pour autant, comme le livre auquel on arrache les pages ? Non ! Même si l'on supprime d'un coup tout le Système solaire, l'univers existe toujours à cet endroit.

L'univers semble donc être *plus* que la simple réunion des objets qu'il contient. C'est la relativité générale d'Albert Einstein qui nous permet de comprendre ce qu'il faut ajouter : l'espace-temps. Cette trame omniprésente, loin d'être un contenant passif, dicte la trajectoire des astres et réagit à leur présence. Tout comme une toile existe avant qu'on peigne dessus, cet espace-temps possède une existence propre.

Cette toile est l'objet d'étude des cosmologues. Par abus de langage, ils utilisent le terme Univers pour désigner l'espace-temps lui-même, indépendamment de son contenu. C'est donc la définition que nous retiendrons au cours de ce chapitre – notons l'usage, à dessein, de la majuscule, pour désigner cet Univers comme un objet, et le distinguer d'un simple concept. Il est important de distinguer ce dernier de l'Univers « observable », celui des astronomes, que l'on observe à travers les télescopes. Il ne recouvre qu'une fraction sûrement très faible de l'Univers tout entier, dont nous ignorons la taille, et même le caractère fini ou infini.

Comme nous l'avons vu au cours du dernier chapitre, l'espace-temps possède une propriété géométrique importante : la courbure. À travers l'équation d'Einstein, cette courbure devient une propriété physique reliée à la présence de matière. Non contente de pouvoir décrire précisément les phénomènes gravitationnels à l'échelle du Système solaire, la relativité générale est donc à l'origine de l'idée que l'Univers dans son ensemble, c'est-à-dire l'espace-temps tout entier, peut être étudié. En ce sens, c'est Albert Einstein qui, à défaut d'être à l'origine du mot *univers*, crée l'Univers des cosmologues, celui qui a peut-être une histoire.

La constante cosmologique

Quelle peut bien être l'histoire d'un tel objet ? Bien sûr, l'Univers possède une histoire « par procuration », car les objets qu'il contient en ont une. Les étoiles naissent et meurent, les astéroïdes s'écrasent, et la Lune tourne autour de la Terre : tous ces événements imprègnent l'espace-temps autour d'eux, *localement*. Mais que se passe-t-il *globalement* ? L'Univers est-il une surface globalement inerte, uniquement voué à se courber autour des objets qui s'y meuvent, ou peut-il s'animer dans son ensemble ? De la même manière que l'espace-temps possède une existence propre, peut-il aussi connaître une histoire propre ?

Au moment où Albert Einstein écrivait sa théorie de la relativité générale, la première hypothèse, celle d'une surface inerte, semblait bien plus naturelle et conforme aux observations astronomiques. L'Univers qu'imaginait d'Einstein est dit statique, dans la mesure où il n'évolue pas dans son ensemble. Néanmoins, un problème se pose : puisque la gravité est attractive, qu'est-ce qui empêche la matière de s'agglutiner jusqu'à ce que l'Univers s'effondre sur lui-même ?

Pour contrebalancer cette attraction naturelle, Einstein rusa : il ajouta un terme dans son équation, appelé la *constante cosmologique* et habituellement notée Λ, le symbole de la lettre grecque majuscule lambda. Ce terme supplémentaire n'était à l'époque qu'un artifice mathématique, aucun mécanisme physique ne permettant de justifier son origine. Malgré tout, cet ajout permit à Einstein de parvenir à ses fins : obtenir un espace-temps statique et dépourvu d'histoire.

La staticité controversée

Einstein n'était pas le seul à travailler sur sa propre équation. Le physicien soviétique **Alexandre Friedmann** s'y attelle dès 1922, peu convaincu par cette constante cosmologique sans fondement physique. Sa principale objection est que la solution d'Einstein, bien que statique, n'est pas *stable*. Cela signifie que si on la perturbe légèrement, elle ne revient pas à l'équilibre.

Illustrons cette idée à l'aide d'une bille au fond d'un bol. Sa position est dite stable, car si on pousse la bille, elle revient à sa position initiale après quelques oscillations. À l'inverse, si on pose la bille au sommet d'une bosse, sa position est instable : elle dévalera la pente à la moindre pichenette. Dans le contexte de la relativité générale, la solution statique d'Einstein relève du second scénario et est donc peu crédible d'un point de vue physique. Il est plus naturel pour un physicien de considérer l'Univers « au repos », plutôt que prêt à voler en éclats à la moindre perturbation !

Friedmann repartit de zéro et essaya d'appliquer l'équation d'Einstein (sans constante cosmologique) à l'Univers tout entier. Il aboutit à un résultat surprenant : l'Univers semblait vouloir gonfler spontanément, comme un ballon de baudruche. En 1927, le physicien belge **Georges Lemaître** renchérit et obtint lui aussi par le calcul un Univers en expansion.

Einstein, aussi dubitatif sur la plausibilité d'une telle expansion que piqué dans son orgueil, en vint à écrire :

« Vos calculs sont corrects, mais votre physique est abominable. »

Selon lui, le calcul mathématique ne suffit pas : il faut observer !

Le coup de théâtre intervint deux ans plus tard, lorsqu'un certain **Edwin Hubble** valida ces résultats étonnants par des observations bien réelles, que nous décortiquerons dans la suite de ce chapitre : l'Univers est bel et bien en expansion, comme prédit par Friedmann et Lemaître. Contraint de reconnaître son erreur, Einstein qualifia l'introduction de la constante cosmologique de « plus grande erreur de sa vie ». Comme on le verra par la suite, ce maudit Λ était pourtant loin d'avoir dit son dernier mot...

UN ABBÉ PHYSICIEN

Georges Lemaître poursuivit ses recherches sur la cosmologie dans les années 1930 et publia sa théorie de l'atome primitif, qui devint plus tard la théorie du Big Bang. Mais Georges Lemaître n'était pas seulement physicien : il était aussi abbé ! De prime abord, il peut sembler surprenant qu'un homme de foi s'intéresse à l'histoire de notre Univers d'un point de vue scientifique : ne contredirait-il pas le récit de la Genèse et de la création du monde en six jours ? Bien au contraire !

...

L'Univers statique d'Einstein, éternel vers le passé et le futur, entrait en contradiction avec ce *fiat lux* initial. En s'opposant au père de la relativité générale, Georges Lemaître proposait donc une justification mathématique au concept de naissance de l'Univers. Le pape Jean-Paul II aurait même illustré cette drôle d'entente en déclarant au physicien anglais Stephen Hawking : « Nous sommes bien d'accord : ce qu'il y a *après* le Big Bang c'est pour vous ; ce qu'il y a *avant*, c'est pour nous ! »

LES GALAXIES S'ÉCHAPPENT

Nous arrivons en 1929, l'année où l'astrophysicien américain Edwin Hubble clôt, sans le savoir, le débat sur la nature statique ou dynamique de l'Univers. En observant les galaxies voisines, ce dernier observe qu'elles fuient… comme si l'Univers était en expansion ! Si le nom Hubble est aujourd'hui associé au télescope spatial lancé par la NASA en 1990, c'est avant tout un hommage à l'homme qui donna véritablement naissance à la cosmologie.

Au-delà de la Voie lactée

Une galaxie est un assemblage d'étoiles et de poussières interstellaires qui prend souvent la forme d'une spirale. Notre galaxie, la Voie lactée, peut se voir dans le ciel nocturne lorsqu'on l'observe selon sa tranche : elle se manifeste par une longue traînée laiteuse, dont elle tire son nom poétique. Les étoiles que nous voyons à l'œil nu dans le ciel sont toutes contenues dans la Voie lactée, mais par un ciel bien dégagé, il est possible de discerner notre galaxie voisine, Andromède, qui recouvre une portion du ciel plus grande que la Lune !

Au moment où Einstein inventa la relativité générale, on ignorait l'existence des galaxies : Andromède était par exemple considérée comme une nébuleuse, c'est-à-dire un simple nuage de gaz au sein de notre galaxie. Installé à partir de 1919 dans l'observatoire du mont Wilson en Californie, Edwin Hubble est le premier astronome à comprendre que ce n'est pas le cas. En mesurant très précisément la luminosité de certaines étoiles appelées *céphéides*, il conclut que certains astres sont trop éloignés pour être à l'intérieur de la Voie lactée. Aujourd'hui, on sait qu'il existe des centaines de milliards de galaxies rien que dans l'Univers observable !

Bien que spectaculaire, ce n'est pas cette découverte qui explique réellement la notoriété de Hubble. Ces mêmes années, l'astronome américain Vesto Slipher avait étudié la lumière des galaxies avoisinantes et remarqué que leurs couleurs étaient plus rouges que la normale. Hubble analysa ces résultats et remarqua une tendance surprenante : le décalage vers le rouge est d'autant plus marqué pour les galaxies lointaines. Il en déduisit la chose suivante : les galaxies s'éloignent de nous et ce, d'autant plus vite qu'elles sont distantes. Pourquoi une telle conclusion ? Nous allons détailler le raisonnement de Hubble, en commençant par introduire l'effet Doppler qu'il invoqua pour expliquer ses observations.

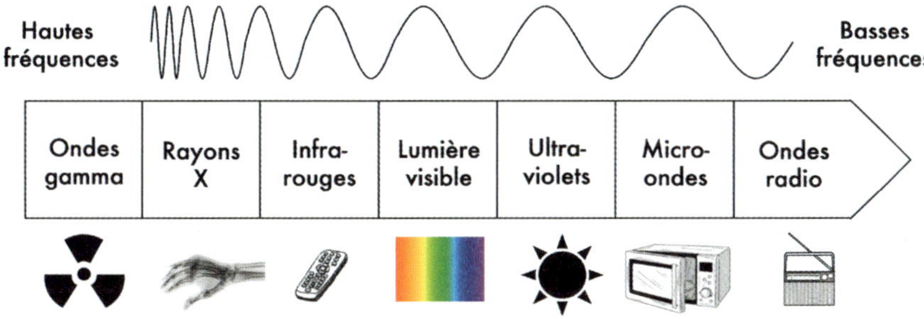

Spectre des fréquences lumineuses.

L'effet Doppler

L'**effet Doppler** peut être constaté dans la vie de tous les jours. C'est le nom donné à l'illusion sonore que l'on entend lors du passage d'une ambulance : le son de la sirène est aigu lorsque l'ambulance se rapproche, puis devient grave lorsque l'ambulance s'éloigne. C'est également cet effet qui cause le « gniii-ooonnn » emblématique des voitures de Formule 1.

Ce phénomène ne s'applique pas qu'aux ondes sonores, mais à tous les types d'ondes, y compris les ondes électromagnétiques, autre nom donné à la lumière ! La hauteur d'un son, de même que la couleur d'une lumière, est définie par la fréquence de l'onde associée. Les hautes fréquences correspondent aux sons aigus et aux couleurs proches du bleu, et les basses fréquences correspondent aux sons graves et aux couleurs proches du rouge.

Dans le cas de la lumière comme du son, la fréquence de l'onde que l'on perçoit est affectée par notre mouvement relatif par rapport à la source de l'onde. Les objets qui s'éloignent semblent émettre des sons plus graves et des lumières plus rouges qu'à la normale. Dans le cas de la lumière, on parle donc de décalage vers le rouge, ou ***redshift*** en anglais. Inversement, les objets qui s'approchent semblent émettre des sons plus aigus et des lumières plus bleues que la normale. C'est grâce à cet effet Doppler que fonctionnent les radars routiers : ils émettent une onde qui rebondit contre chaque voiture. En comparant la fréquence de l'onde *reçue* après le rebond à la fréquence de l'onde *émise*, il est facile d'obtenir la vitesse de la voiture.

L'effet Doppler est aussi utilisé en astronomie pour étudier la vitesse d'éloignement des galaxies. Seulement, contrairement aux radars routiers qui sont proches des voitures, nous ne pouvons pas envoyer une onde rebondir contre une galaxie, car il nous faudrait attendre des millions d'années pour la voir revenir ! Alors, comment faire pour obtenir la vitesse de la galaxie que l'on observe ?

Le code-barres spectral

Comme l'a démontré Newton avec son prisme, la lumière est généralement formée d'un mélange d'ondes de fréquences différentes appelé **spectre lumineux**. Au grand bonheur des astrophysiciens, les spectres lumineux des objets célestes sont extrêmement prévisibles et bien répertoriés. Ils constituent de véritables codes-barres, traduisant avec précision la composition chimique des objets émetteurs. En effet, les atomes contenus dans les nuages gazeux d'une galaxie absorbent une partie de la lumière émise par la galaxie.

Chaque type d'atome absorbe des fréquences bien précises, creusant des trous dans le spectre de la lumière appelés **raies**

d'absorption. Par exemple, l'atome d'hydrogène, de loin le plus répandu dans l'Univers, absorbe quatre couleurs dans l'arc-en-ciel, tandis que l'hélium en absorbe douze (voir figure suivante).

Mesurer le décalage entre la position « normale » des raies et leur position dans le spectre d'une galaxie nous permet donc de mesurer le mouvement de la galaxie par rapport à la Terre : si les raies sont décalées vers le bleu, alors la galaxie se rapproche ; si elles sont décalées vers le rouge, la galaxie s'éloigne.

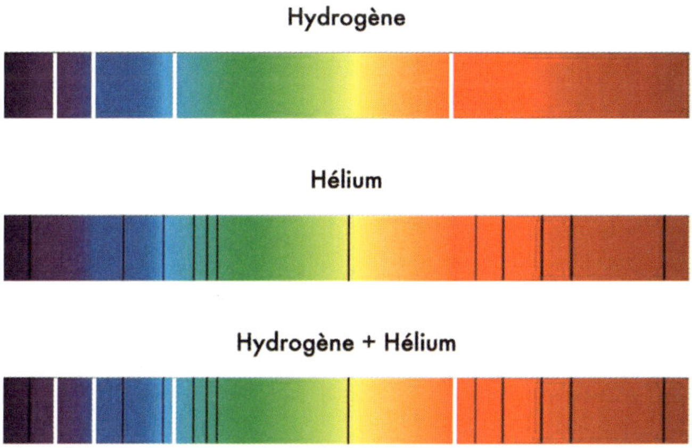

Spectre d'absorption de différents atomes. Les raies d'absorption correspondent aux barres verticales, qui constituent littéralement un code-barres de la composition chimique de l'objet céleste.

La loi de Hubble

Nous sommes maintenant en mesure de comprendre le raisonnement d'Edwin Hubble. En mesurant le *redshift* des spectres lumineux de galaxies avoisinantes et en le comparant à la distance[3] qui nous sépare de ces galaxies, il énonce en 1929 ce qui est aujourd'hui connu comme la **loi de Hubble** : les galaxies s'éloignent les unes des autres à une vitesse proportionnelle à la distance qui les sépare. Sans s'en rendre compte, Hubble constatait pour la première fois *l'expansion de l'Univers* prédite par Lemaître.

Pour illustrer la situation, imaginons l'Univers comme un gâteau aux raisins, ces derniers représentant les galaxies. Lorsque le gâteau gonfle au four, les raisins s'éloignent les uns des autres... Du point de vue des observateurs sur Terre, la couleur des galaxies se décale donc vers le rouge. La loi de Hubble traduit simplement le fait que deux raisins voisins s'éloignent plus lentement que deux raisins aux bords opposés du gâteau.

Les observations d'Hubble, combinées avec l'équation de Friedmann-Lemaître, convainquirent définitivement la communauté scientifique. L'Univers, c'est-à-dire l'espace-temps, a une histoire : il est différent aujourd'hui de ce qu'il était il y a mille ans, et de ce qu'il sera dans mille ans. Nous pouvons même affirmer qu'il est en expansion. C'est cette découverte qui marque la naissance de la cosmologie.

3. La distance qui nous sépare d'une galaxie peut être estimée à partir de son intensité lumineuse observée, car celle-ci décroît avec la distance par rapport à la Terre. Il faut donc connaître la puissance lumineuse de la galaxie : celle-ci se déduit de sa température, qui elle-même se déduit de son spectre lumineux. Les spectres lumineux sont décidément le sésame de l'astronomie !

POURQUOI LA NUIT EST-ELLE NOIRE ?

Imaginez une balade dans une forêt infinie. Quelle que soit la direction dans laquelle vous regardez, vous voyez un tronc d'arbre, plus ou moins loin. En appliquant le même raisonnement au ciel nocturne, on s'attendrait à voir une étoile dans toutes les directions si l'Univers était infini. La nuit ne serait alors pas noire comme on le constate, mais inondée de lumière ! Ce paradoxe fut invoqué pour la première fois par Kepler pour s'opposer à l'idée d'un Univers infini, et est connu sous le nom de paradoxe d'Olbers, du nom d'un physicien allemand qui le reprit au XIXe siècle.

Les découvertes de Hubble apportèrent un élément de réponse à cette énigme : à cause de l'expansion de l'Univers, la lumière des étoiles lointaines est « redshiftée » à tel point qu'elle devient invisible à l'œil nu. Plus tard, la théorie du Big Bang montrera de plus que l'Univers n'est pas éternel, et nous ne voyons que les étoiles dont la lumière a eu le temps de nous parvenir depuis sa naissance. Pour ces deux raisons, la majorité des étoiles de l'Univers ne brillent pas dans la nuit, et celle-ci est bel et bien noire.

L'EXPANSION DE L'UNIVERS S'EMBALLE

Soixante-dix ans après sa naissance avec Hubble, la cosmologie vécut un bouleversement à la fin des années 1998 : l'Univers n'est pas seulement en expansion, mais en expansion accélérée. En révélant la complexité de la vie de l'Univers, cette découverte enrichit la physique moderne d'un florilège de nouvelles questions... dont bon nombre restent aujourd'hui sans réponse !

Vers l'infiniment grand

Commençons par donner quelques ordres de grandeur. L'unité de distance qui fait foi dans la vie de tous les jours est le mètre. Il décrit très bien les choses qui nous entourent, puisqu'il correspond à peu près à notre propre taille. Cependant, le mètre devient peu commode dès qu'on s'intéresse à l'immensité du cosmos. Au sein du Système solaire, les astronomes expriment souvent les distances en unités astronomiques qui correspondent à la distance qui sépare la Terre du Soleil (environ 150 millions de kilomètres).

À l'échelle des galaxies, cette unité devient à son tour trop petite : on utilise à la place l'année-lumière, qui est la distance parcourue par la lumière pendant une année, soit environ 10 000 milliards de kilomètres. Les galaxies sont les plus gros « objets » de l'Univers : la nôtre, la Voie lactée, mesure environ 100 000 années-lumière d'un bout à l'autre.

C'est à cette échelle que s'achève l'astrophysique, la discipline qui étudie les objets qui peuplent l'espace-temps. Au-delà, on entre dans le domaine de la cosmologie. Cette dernière s'intéresse à des échelles de distance si grandes que la notion même de distance peut devenir difficile à définir, en raison de l'expansion de l'Univers !

Par exemple : quelle est la taille de l'Univers observable ? Rappelons que l'Univers observable est la région de l'Univers que l'on peut observer avec nos télescopes, celle qui est assez « proche » de nous pour que sa lumière ait eu le temps de nous atteindre depuis le Big Bang. Comme ce dernier eut lieu il y a environ 14 milliards d'années, il serait tentant de penser que l'Univers observable s'étend sur 14 milliards d'années-lumière. C'est pourtant faux, car l'espace s'est étendu entre le moment où ces lointaines lueurs ont été émises et le moment où nous les recevons !

Pour connaître la taille de l'Univers observable, son âge ne suffit pas. De même, l'âge d'un enfant ne suffit pas pour deviner sa taille : il faut connaître la courbe d'évolution de sa taille au fil des années ! Ainsi, tout comme les pédiatres suivent les courbes de croissance des enfants depuis leur naissance, les cosmologues construisent des modèles pour déterminer la courbe d'expansion de l'Univers. Cette courbe leur permet de calculer des distances : en utilisant les modèles les plus récents, on estime la taille actuelle de l'Univers observable à environ 45 milliards d'années-lumière.

Au-delà de Hubble

La courbe d'expansion de l'Univers est bien plus complexe que le pensaient les contemporains de Hubble. Les télescopes des années 1920 ne permettaient d'observer que les galaxies proches, dont la lumière n'a mis que quelques millions d'années à nous parvenir. D'un point de vue humain, c'est une éternité, mais cette durée ne représente qu'une infime fraction de l'âge estimé de l'Univers, et le taux d'expansion de l'Univers n'y a que très peu changé. Cela donna aux astronomes de l'époque la trompeuse impression que l'Univers gonfle à vitesse constante. Mais en 1998, les progrès techniques de l'astronomie permirent à trois astrophysiciens d'observer des galaxies très lointaines, et donc de remonter plus loin dans le temps. Leur conclusion fut la suivante : l'Univers gonflait moins vite dans le passé. Autrement dit, l'Univers est non seulement en expansion, mais en expansion accélérée ! Pour cette découverte révolutionnaire, les trois astrophysiciens en question, Saul Perlmutter, Brian P. Schmidt et Adam Riess, obtinrent le prix Nobel de physique en 2011.

Ce résultat laissa d'abord les cosmologues perplexes[4]. S'il fallait choisir entre une expansion accélérée ou ralentie, la plupart auraient choisi la seconde hypothèse : la gravité étant une interaction attractive, on s'attendrait plutôt à ce qu'elle freine l'expansion.

Qui peut bien être responsable de cette accélération ? Plus de vingt ans après les observations de Perlmutter, Schmidt et Riess, il n'est toujours pas identifié, mais il porte un nom : celui d'énergie noire. Cette forme d'énergie de nature inconnue est l'une des clés du **modèle ΛCDM**, le modèle cosmologique qui domine les débats en ce début de XXIe siècle.

4. Notons cependant que Georges Lemaître, père du Big Bang, avait anticipé cette accélération sur des bases théoriques dans les années 1920.

De quoi l'Univers est-il fait ?

Le modèle ΛCDM décrit notre Univers comme un objet tiraillé entre des forces attractives, qui tendent à le recroqueviller sur lui-même, et des forces répulsives, qui le poussent à s'étendre. Ces forces découlent de la présence de trois ingrédients :

• La **matière baryonique** : c'est la matière ordinaire, celle dont tout ce que nous pouvons observer, nous inclus, est constituée. Elle est à l'origine d'une attraction gravitationnelle qui tend à freiner l'expansion.

• La **matière noire** : c'est une forme de matière plus mystérieuse qui n'est pas visible (d'où son nom), mais interagit par la gravitation comme la matière ordinaire.

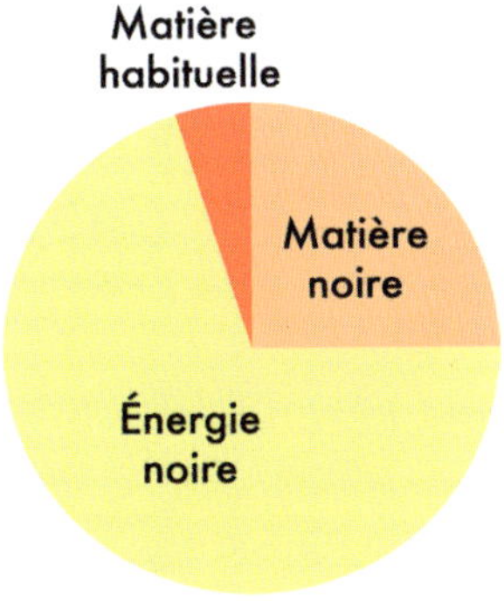

• L'**énergie noire** : c'est une forme d'énergie d'origine inconnue. Elle agit comme une sorte de gravité inversée qui tend à accélérer l'expansion de l'Univers.

Le modèle ΛCDM contient trois paramètres, qui sont les densités de ces trois constituants, c'est-à-dire les proportions selon lesquelles ils emplissent l'Univers. Un des grands enjeux de la cosmologie moderne est d'ajuster ces paramètres pour que le modèle prédise la bonne courbe d'expansion. Par exemple, si on observe une expansion plus accélérée que le prédit le modèle, il faut augmenter la dose d'énergie noire. Actuellement, on estime que la matière ordinaire ne représenterait que 5 % du contenu de l'Univers, tandis que la matière noire en constituerait 25 %, et l'énergie noire les 70 % restants !

Pourquoi ce nom de ΛCDM ? Le lecteur aura peut-être déjà reconnu le symbole Λ, celui utilisé pour désigner la constante cosmologique d'Einstein. Et ce n'est pas un hasard ! Comme nous allons le voir, c'est l'énergie noire qui signe le grand retour de cette constante. Quant au *CDM*, il fait référence à la dénomination anglaise de la matière noire, *Cold Dark Matter*.

Avant de décortiquer la nature de la matière noire et de l'énergie noire, plongeons-nous au cœur de deux questions fondamentales auxquelles le modèle ΛCDM tente de répondre : l'Univers est-il infini ? Et quelle est sa forme ?

La forme de l'Univers

En racontant l'expansion de l'Univers, nous avons choisi l'image d'un gâteau qui gonfle un four. Cette analogie a cependant une limite importante, car l'Univers n'est pas un objet comme les autres. À la différence du gâteau et de tous les autres objets, l'Univers ne possède pas de bord, puisque rien n'existe à l'extérieur !

Si l'Univers ne possède pas de bord, et donc pas de limite, il semble naturel de le qualifier d'infini. C'est pourtant faux : il suffit de penser à l'Univers unidimensionnel de Linéa pour trouver un contre-exemple. Tel que nous l'avons représenté au chapitre 2, ses habitants peuvent se promener en ligne droite indéfiniment. Mais comme nous l'avons vu par la suite, l'espace-temps peut se courber. Si la ligne dont est fabriquée Linéa se refermait sur elle-même, formant par exemple un cercle, toute promenade reviendrait à son point de départ : l'Univers de Linéa, bien que dépourvu de bord, serait alors de taille finie !

Ainsi, la question de la finitude de l'Univers est reliée à sa forme, c'est-à-dire à la courbure *globale* de l'espace-temps. Pour différencier celle-ci de la courbure *locale* qu'impriment les objets à l'espace-temps, imaginons l'Univers comme un grand bol. La courbure locale correspond aux minuscules rugosités à la surface du bol, tandis que la courbure globale est la forme générale, en l'occurrence creusée, du bol.

Un Univers plat ?

La courbure globale de notre Univers est décrite mathématiquement par un nombre. On peut distinguer trois cas, suivant la valeur de ce nombre.

S'il est positif, cela signifie que l'Univers se referme sur lui-même comme dans l'exemple de Linéa : on parle d'Univers *fermé*. L'Univers est alors de taille finie : en avançant tout droit, on repasse par les mêmes endroits, comme l'avion au pilote assoupi qui fait le tour de la Terre. Si notre Univers était ainsi, on pourrait s'attendre à observer des « images fantômes » de certains astres se répéter à différents endroits du ciel nocturne, comme dans une galerie de miroirs. Néanmoins, à l'heure actuelle, aucun motif de la sorte n'a été observé.

À l'inverse, si la courbure globale est négative, on parle d'un Univers ouvert, qui ressemble à une selle de cheval. Dans ce cas, on peut voyager en ligne droite indéfiniment : l'Univers est donc infini.

Exactement entre les deux scénarios, on trouve le cas d'un Univers de courbure nulle, dit Univers plat, semblable à un échiquier géant en quatre dimensions. Dans ce cas, les règles de la géométrie habituelle s'appliquent : deux droites parallèles ne se croisent jamais et ne se referment jamais sur elles-mêmes. Dans ce troisième cas aussi, l'Univers est infini.

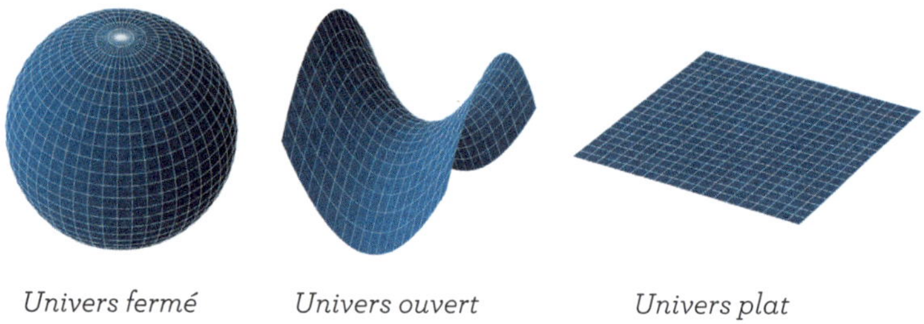

Les trois Univers possibles.

À laquelle de ces trois catégories notre Univers appartient-il ? Tout dépend des paramètres du modèle ΛCDM, car c'est la présence de matière qui tend à le refermer sur lui-même. Il existe ainsi une **densité critique** de masse qui donne lieu à un Univers plat : mettez-y un peu plus de masse, et l'Univers prend la forme d'un ballon ; un peu moins, et il ressemblera à une selle de cheval.

Actuellement, les mesures cosmologiques portent plutôt à croire que nous vivons dans un Univers plat, mais n'excluent pas la possibilité d'un Univers fermé. Résultat : nous ne savons toujours pas de manière certaine si l'Univers est infini ou non !

LA COSMOLOGIE, UNE MAGIE NOIRE ?

De nos jours, il est facile de railler les scientifiques contemporains de Newton et leur croyance ferme en l'éther, cette sorte de cinquième élément aussi invisible qu'omniprésent. Mais ce serait oublier que notre modèle cosmologique actuel s'appuie sur deux substances de nature inconnue qui représentent 95 % du contenu de l'Univers : la matière noire et l'énergie noire. Après avoir effacé les deux nuages de Kelvin qui gâchaient le ciel de la physique classique, la physique moderne se retrouve avec deux nouveaux nuages non moins obscurs. Devra-t-elle à nouveau faire table rase de ses fondements ?

Des vitesses anormales

Comme beaucoup d'objets décrits au cours de ce livre, la matière noire puise son origine dans des incohérences expérimentales. Les premiers indices apparaissent dès les années 1930, lorsque des astronomes s'aperçoivent que certaines galaxies sont bien plus massives que leur luminosité ne porterait à le croire. À l'époque, ils sont peu pris au sérieux, et on considère que leurs mesures ne sont dues qu'aux erreurs expérimentales. Cependant, un réel paradoxe concernant le mouvement des étoiles au sein des galaxies émerge dans les années 1970.

Grâce à l'effet Doppler, véritable radar de vitesse cosmique, il est facile d'évaluer la vitesse orbitale des étoiles au sein d'une galaxie : en observant la galaxie selon la tranche, un bord de la galaxie s'éloigne de nous (sa lumière est décalée vers le rouge) tandis que le bord opposé se rapproche (sa lumière est décalée vers le bleu).

En mesurant ces décalages spectraux, les astronomes constatèrent une incohérence : les étoiles situées au bord des galaxies semblent tourner aussi vite que celles proches du centre ! Pourtant, les lois habituelles de la gravitation prévoient que la vitesse d'un objet en orbite doit être d'autant plus faible que le rayon de l'orbite est grand. Cela se vérifie dans le Système solaire : la Terre se déplace autour du Soleil à une trentaine de kilomètres par seconde, deux fois plus vite que Jupiter et quatre fois plus vite que Neptune.

L'invocation de la matière noire

Qu'est-ce qui empêche les étoiles au bord des galaxies de s'échapper de leur orbite ? Même si les explications font légion, la plus acceptée se base sur l'existence d'une nouvelle forme de matière : la matière noire. Bien que totalement invisible, elle formerait, au sein de la plupart des galaxies, des amas diffus appelés « halos » qui représenteraient 80 % de la masse totale de la galaxie. Comme la matière ordinaire, la matière noire interagirait gravitationnellement, ce qui lui permettrait de retenir les étoiles sur leur orbite.

De quoi cette matière noire pourrait-elle être constituée ? À vrai dire, nous n'en savons strictement rien ; les différentes pistes explorées n'ont permis à ce jour que d'exclure des possibilités, si bien que de nombreux physiciens considèrent le « problème de la matière noire » comme le mystère le plus important de la physique moderne.

Face à de telles impasses, certains sont tentés de renoncer à la matière noire et de modifier les lois de la gravité pour expliquer les anomalies de vitesse constatées. Néanmoins, la découverte en 2018 de plusieurs galaxies ne présentant pas d'anomalie de vitesse apporta de l'eau au moulin de la matière noire : puisque certaines, étrangement, en présentent et d'autres non, la présence d'anomalies ne peut être due à une loi universelle, mais bel et bien à la présence ou non d'une substance inconnue. Parmi les candidats, on trouve de nombreuses particules aux noms tous plus exotiques les uns que les autres : neutrinos stériles, axions, WIMPS et autres MACHOS !

Le côté obscur de l'énergie

La constante cosmologique Λ, introduite par Einstein en 1915 pour rendre l'Univers statique, fut abandonnée dans les années 1930, lorsque Hubble mit en évidence l'expansion de l'Univers. Elle tomba alors dans l'oubli pendant près de soixante ans.

Dans les années 1990, un retournement de situation eut lieu lorsque l'on découvrit que l'Univers est non seulement en expansion, mais en expansion accélérée. La constante cosmologique, la « plus grande erreur » d'Einstein, devint tout à coup la bouée de sauvetage des cosmologues. Serait-ce donc elle, cette chose que nous appelons énergie noire ? Et si oui, que représente-t-elle physiquement ?

L'interprétation la plus naturelle de l'énergie noire est de l'associer à **l'énergie du vide**, concept provenant de la physique quantique. Nous l'avons déjà évoqué : dans le monde quantique, rien n'est bien déterminé, tout est flou. Le vide lui-même est peuplé de « fluctuations », c'est-à-dire d'événements fantomatiques, comme la création *ex nihilo* de paires de particules qui se détruisent aussitôt formées. Ces fluctuations procurent au vide une énergie non nulle. Beaucoup de physiciens pensent qu'elles pourraient être le mécanisme physique mystérieux qu'incarne la constante cosmologique.

Pour vérifier cette hypothèse, il suffit d'estimer l'énergie que contient un mètre cube de vide selon la physique quantique, et de la comparer à celle venant de la constante cosmologique, telle que déterminée par le modèle ΛCDM. Malheureusement, les deux estimations diffèrent... Et pas qu'un peu : la valeur attendue pour la première est 10^{120} (1 suivi de 120 zéros) fois plus grande que la seconde ! C'est un euphémisme que de dire que c'est la plus grande erreur de prédiction qu'ait connu la physique : on l'appelle aussi la **catastrophe du vide**.

Aujourd'hui, en 2020, on ne sait toujours pas d'où vient l'énergie noire, et le débat sur la constante cosmologique est loin d'être tranché. Ironiquement, c'est ce qu'Einstein considérait comme sa plus grande erreur qui sera peut-être l'objet des recherches les plus intenses dans les siècles à venir.

UN OCÉAN D'IGNORANCE

La matière baryonique, qui est la seule composante du modèle ΛCDM que nous comprenons réellement, ne représente que 5 % de la masse de l'Univers. Ainsi, la physique, cet édifice dont les fondations peuvent sembler très solides, ne décrit qu'une infime fraction du contenu de l'Univers. En ce qui concerne la nature des 95 % restants, nous n'avons pas la moindre certitude !

La richesse scientifique exceptionnelle du XXe siècle a finalement ouvert bien plus de questions qu'elle n'en a refermées. C'est aussi la beauté de la nature : c'est en l'explorant que nous prenons conscience de sa complexité. Le physicien John Wheeler, que nous avons déjà cité au sujet de la relativité générale, donna l'image suivante : « Nous vivons sur une île de connaissance, entourée d'un océan d'ignorance. Chaque fois que notre île s'étend, sa rive d'ignorance s'élargit aussi. »

Le grand au revoir

Répétons-le, l'Univers est le théâtre d'un combat sans merci entre l'expansion voulue par l'énergie noire et l'effondrement voulu par la gravitation. Lequel de ces deux protagonistes sort vainqueur ? Tout dépend à quelle échelle on se place, car les effets de la gravité s'atténuent avec la distance, tandis que ceux de l'énergie noire s'amplifient. À l'échelle du Système solaire, l'énergie noire est totalement négligeable. De même, à l'échelle de notre galaxie, la gravité garde la main sur le volant. Ce n'est que sur les distances intergalactiques que la gravité commence à s'essouffler.

Heureusement, la Voie lactée est rattachée gravitationnellement à un amas de soixante autres galaxies appelé le Groupe Local, parmi lesquelles on trouve la galaxie Andromède. Au sein de cet archipel cosmique, l'énergie noire et l'expansion qu'elle provoque sont vaincues : nos galaxies voisines sont encore atteignables, quitte à posséder un vaisseau spatial assez rapide. Au-delà du Groupe Local, l'énergie noire triomphe et envoie valser les galaxies hors de notre portée.

Pourquoi hors de portée ? Car ces galaxies s'éloignent de nous *plus vite que la lumière*. Les signaux que cherchent à nous envoyer leurs hypothétiques habitants ne nous parviendront jamais ! Y a-t-il contradiction avec la relativité restreinte, qui affirme qu'aucun objet ne peut se déplacer plus vite que la lumière ? Non ! Ces galaxies ne s'éloignent pas de nous du fait de leur propre mouvement : c'est *l'espace qui nous sépare d'elles qui s'étend.* L'espace-temps n'étant pas un objet comme les autres, la relativité restreinte est saine et sauve.

Les conséquences sont désolantes : nous sommes condamnés à voir ces galaxies s'éteindre petit à petit dans le ciel nocturne, en récoltant les dernières lueurs qui nous viennent du passé. Soyons malgré tout reconnaissants d'en recevoir encore aujourd'hui : les futures civilisations de notre Groupe Local naîtront peut-être trop tard pour pouvoir apprécier l'immensité du cosmos, et percer les mystères de son histoire comme nous le faisons depuis plusieurs millénaires.

CHAPITRE 6

UNE BRÈVE HISTOIRE DE L'UNIVERS

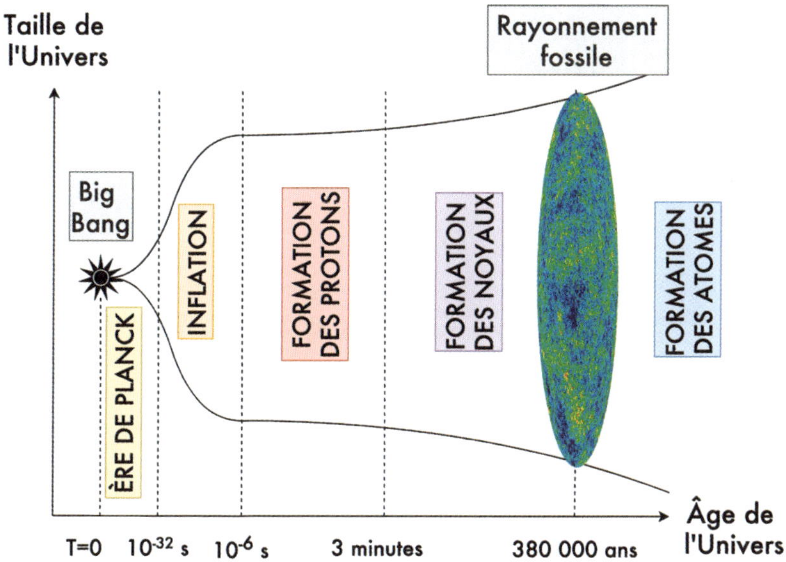

Frise chronologique de l'Univers.

À LA RECHERCHE DE L'ORIGINE

Nous savons désormais que l'Univers n'est pas statique, comme le pensait Einstein : il possède sa propre histoire. Nous proposons donc, dans ce chapitre, un voyage à travers les différents âges de l'Univers, et démarrons notre chronologie par la prétendue origine du temps et de l'espace : le Big Bang.

De l'atome primitif au Big Bang

L'Univers est en expansion, et ce depuis toujours. En rembobinant le film de sa vie, nous le voyons donc se contracter de plus en plus. En 1927, l'abbé Lemaître eut la folle idée d'extrapoler ce raisonnement jusqu'au point où l'Univers serait plus petit qu'un atome : c'est sa théorie de l'atome primitif. Il paraît tentant d'imaginer cet instant singulier comme l'origine du temps : c'est ce qu'on appelle aujourd'hui la théorie du Big Bang.

Cette expression, très bien ancrée dans la culture populaire puisqu'elle correspond même au titre d'une série télévisée à succès, donne pourtant une image très déformée de ce qu'elle décrit. Il est en effet absurde d'imaginer le commencement de l'Univers par une explosion : si explosion il y a, dans quoi a-t-elle lieu ?

Considérer une telle explosion, c'est se placer à l'extérieur de l'Univers, un lieu qui n'existe pas par définition.

Le terme Big Bang provient en réalité d'une raillerie improvisée lors d'une émission radiophonique des années 1950 par l'astronome britannique Fred Hoyle. Comme beaucoup de ses contemporains, ce dernier était fermement opposé à l'idée d'une explosion originelle. Si les observations de Hubble suffirent à convaincre la communauté scientifique de l'expansion de l'Univers, il en fallait plus pour démontrer que cette expansion a toujours existé.

C'est véritablement en 1965, par l'observation d'un rayonnement fossile issu de l'Univers primitif, décrit plus loin dans ce chapitre, que la théorie de l'atome primitif, alias le Big Bang, s'imposa. Fred Hoyle était sûrement loin de se douter que son sarcasme baptiserait la prédiction la plus robuste de la cosmologie.

Une naissance ardente

Si vous avez ouvert ce livre en rêvant de comprendre enfin le Big Bang et briller lors de repas mondains, vous serez déçu : les cosmologues eux-mêmes ne savent rien de cet instant. Pourquoi ? Parce qu'en remontant le temps, l'Univers devient de plus en plus dense et chaud, et la physique devient de plus en plus étrange, jusqu'à dépasser même ce que le langage de la science peut formuler.

La physique habituelle décrit les interactions par le biais de quatre forces (voir la figure suivante) :

- l'interaction électromagnétique, responsable de l'électricité, du magnétisme et des phénomènes lumineux ;
- l'interaction faible, à l'origine de la radioactivité ;
- l'interaction forte, qui assure la cohésion des noyaux atomiques ;
- l'interaction gravitationnelle, qui, comme on l'a vu, n'est pas une force à proprement parler, mais une déformation de l'espace-temps.

Ces interactions sont pour l'instant décrites par différentes théories qui fonctionnent bien séparément, mais sont difficiles à concilier. Or, lorsque la température atteint des valeurs démesurées, les interactions se mettent à fusionner et ne peuvent plus être décrites indépendamment. Ainsi, plus on remonte vers la naissance ardente de l'Univers, plus notre physique peine à décrire la réalité.

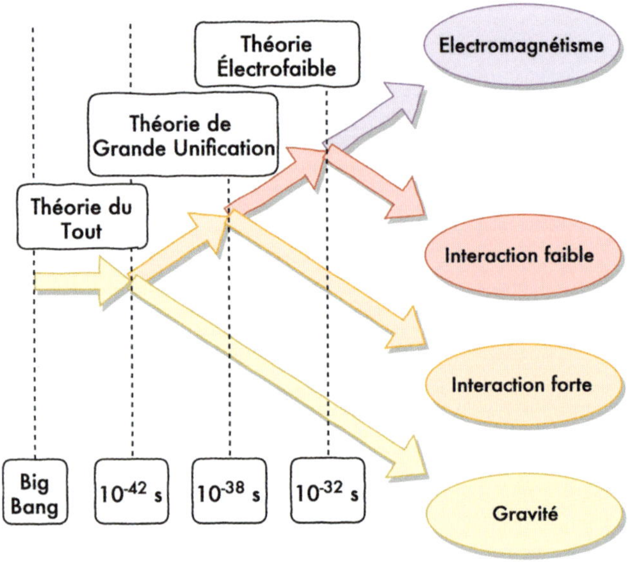

Découplage progressif des quatre interactions fondamentales après le Big Bang.

Insistons donc à nouveau sur le fait que le Big Bang est un instant *hypothétique*, qui résulte d'une extrapolation des équations de la cosmologie potentiellement bien au-delà de leur domaine de validité.

Dans ce chapitre, qui retrace l'histoire de l'Univers, nous allons dater les événements par rapport au Big Bang, faute de mieux. Mais il faut bien garder en tête que parler du Big Bang, c'est un peu comme spéculer sur l'année où la population mondiale atteindra la barre des 10 milliards. On peut essayer de prédire cette année en extrapolant les courbes démographiques, mais on ne sait pas exactement quand elle aura lieu – il se pourrait même qu'elle n'ait jamais lieu. Néanmoins, par abus de langage, nous emploierons le terme Big Bang pour désigner la prétendue origine de l'Univers.

L'ère électrofaible

Nous allons commencer la chronologie de l'Univers en sens inverse, pour essayer de déterminer à quel instant précis notre physique s'écroule. Par chance, ce n'est que dans des conditions extrêmes que les forces commencent à se mélanger, et on peut remonter l'histoire de l'Univers très loin sans rencontrer de problème. Ce n'est que lorsqu'on atteint une infime fraction de seconde après le Big Bang (10^{-32} secondes pour être précis) que les choses deviennent étranges. À cet instant, l'intégralité de l'Univers observable était compressée dans la taille d'un grain de sable. La température insoutenable, de l'ordre du million de milliards de degrés, ne laissait d'autre choix à l'interaction faible et à l'interaction électromagnétique que de se coupler pour former une interaction combinée, dite électrofaible.

Les physiciens parvinrent à décrire cette interaction dans les années 1970. La théorie électrofaible, qui fut l'objet du prix Nobel de physique en 1979, est aujourd'hui largement confirmée par le Grand Collisionneur de Hadrons du CERN, que nous avons déjà mentionné en tant que découvreur du boson de Higgs.

Cette machine gigantesque envoie des particules se percuter à des vitesses phénoménales dans le but de recréer les conditions extrêmes de l'ère électrofaible. Les particules élémentaires s'y déplaçaient tellement vite qu'elles portaient chacune l'énergie cinétique d'un moustique en plein vol, malgré leur masse dérisoire !

La grande unification

La physique actuelle nous permet donc de comprendre assez bien ce qui se passe 10^{-32} secondes après le Big Bang, ce qui est déjà remarquable ! Que se passe-t-il encore plus tôt ? En continuant à rembobiner la pellicule, la température poursuit son augmentation, jusqu'au point où l'interaction électrofaible vient à son tour se coupler à l'interaction forte (10^{-38} secondes après le Big Bang). C'est ici que les vrais ennuis commencent.

Pour décrire ce couplage, on doit faire appel à ce que l'on appelle une **théorie de grande unification**, qui décrirait ces interactions à l'aide d'un seul et même formalisme. Bien que de nombreuses théories candidates existent, il nous est pour l'instant impossible de tester l'une d'elles expérimentalement. Pour recréer de telles échelles de température, ce n'est plus l'énergie d'un moustique qu'il faudrait fournir aux particules, mais celle d'un TGV à pleine vitesse ! Qu'à cela ne tienne : rêvons l'espace d'une seconde que l'on puisse ainsi valider une théorie de grande unification... Aurions-nous atteint la ligne d'arrivée de notre course folle vers le Big Bang ?

Le mur de Planck

Hélas, tout voyage vers l'origine du temps se heurte à un obstacle impénétrable : le **mur de Planck**. Celui-ci fait référence à une ère où l'Univers observable entier était plus petit qu'un noyau atomique, quelque 10^{-42} secondes après le Big Bang. Tout s'effondre alors : l'infiniment petit se confond avec l'infiniment grand, et leurs théories associées entrent en violente contradiction. La gravité, décrite par la relativité générale, fusionne avec les trois autres forces décrites par la physique quantique.

Seule une théorie de *gravité quantique*, aussi appelée **théorie du tout**, serait capable de décrire ce qui se passe avant le mur de Planck. Là encore, des théories candidates existent, parmi lesquelles deux sont particulièrement étudiées : la **théorie des cordes** et la **gravitation quantique à boucles**. Mais faute de vérification expérimentale, à nouveau, l'ère de Planck reste une *terra incognita* pour l'esprit scientifique.

La poule et l'œuf

La « théorie » du Big Bang porte décidément mal son nom. Comme tout ce qui se trouve avant le mur de Planck, le Big Bang échappe à la physique, et lui restera inaccessible tant que nous n'aurons pas trouvé une « théorie du tout ». Mais si nous y parvenions, pourrions-nous pour autant théoriser sur l'origine de l'Univers, c'est-à-dire la création de tout à partir de rien ?

Comme le souligne le physicien et philosophe des sciences Étienne Klein, étudier l'origine de l'Univers implique d'étudier les processus qui ont abouti à l'apparition de l'Univers. Or, ces processus ne peuvent exister, puisque avant l'Univers, il n'y a justement rien ! Décrire l'apparition d'une première chose revient à donner une réponse au paradoxe de la poule et l'œuf, et ne relève pas du domaine de la physique. La théorie du Big Bang n'est donc pas à proprement parler une théorie de l'origine de l'Univers, mais une théorie de son évolution bien avant notre ère.

Si le Big Bang n'était pas le début, que pourrait-il y avoir *avant* ? Là encore, on doit se satisfaire d'hypothèses non vérifiables. Une des plus célèbres est celle du *Big Bounce*, selon laquelle la brutale expansion après le Big Bang correspondrait en fait à un « rebond », faisant suite à un grand effondrement. L'Univers serait ainsi éternel et connaîtrait des cycles de vie. De la poule et l'œuf, aucun des deux ne serait apparu en premier : les deux auraient toujours existé !

L'ANTIMATIÈRE

Chaque particule élémentaire possède une anti-particule, sorte de jumeau maléfique qui possède exactement les mêmes propriétés, à l'exception de sa charge électrique, qui est inversée. À l'électron correspond l'anti-électron ; au proton correspond l'anti-proton. En assemblant des anti-particules, on peut même fabriquer des anti-atomes, des anti-molécules et des anti-planètes. Seulement, voilà le problème : les particules ont peu d'atomes crochus avec leurs anti-particules. Lorsqu'elles se rencontrent, elles se détruisent instantanément, libérant l'intégralité de leur masse sous forme d'énergie. Il suffirait de 100 kilogrammes d'antimatière pour alimenter les besoins énergétiques de la France entière pendant plusieurs années ! Avons-nous là une alternative idéale aux centrales nucléaires ?

Hélas non, car l'antimatière est extrêmement difficile à produire de fait de sa nature éphémère : seuls les accélérateurs de particules sont capables d'en produire quelques poussières. L'antimatière donne aussi du fil à retordre aux cosmologues : pourquoi observons-nous encore de la matière dans l'Univers ? Si le Big Bang avait produit autant de matière que d'antimatière, comme on pourrait s'y attendre, l'intégralité se serait annihilée... Encore une énigme sans réponse aujourd'hui.

LES PREMIERS ATOMES

« Et la lumière fut… » On aime imaginer le Big Bang comme une explosion éblouissante. Pourtant, la lumière dut attendre 380 000 ans pour briller. Pendant cette période, la genèse de l'Univers prit la forme d'un grand jeu de construction : la formation de la matière.

Le refroidissement de l'Univers

Pourquoi l'Univers était-il aussi chaud après le Big Bang ? Précisons d'abord ce que signifie la chaleur d'un point de vue physique. Pour cela, imaginons un gaz comme une arène d'autotamponneuses : un ensemble chaotique de particules se déplaçant dans tous les sens et s'entrechoquant régulièrement. La chaleur n'est rien d'autre que la vitesse moyenne des particules : plus elles vont vite, plus les chocs sont brutaux et fréquents, et plus il fait chaud. Lorsqu'on comprime un gaz, il s'échauffe, car les particules sont plus serrées et s'entrechoquent plus souvent.

Remonter vers le Big Bang revient à comprimer le gaz qui constitue l'Univers, donc à augmenter sa température. Dans les chaleurs extrêmes qui régnaient peu après le Big Bang, les chocs entre les particules élémentaires étaient si violents qu'ils les empêchaient de se regrouper pour former des atomes. Ainsi, la formation de la matière dut s'organiser par étapes, à mesure du refroidissement de l'Univers.

Un grand jeu de Lego

Les Grecs de l'Antiquité pensaient que la matière était constituée de particules insécables qu'ils appelèrent *atomes*, signifiant littéralement « ce qu'on ne peut casser ». La physique du XXe siècle nous a appris qu'on peut parfaitement casser les atomes : c'est le principe même d'une centrale nucléaire. Notre vision de la matière a donc énormément évolué, et suivant l'échelle choisie, elle nous montre un visage très différent :

- la matière est formée de molécules ;
- les molécules sont formées d'atomes ;
- un atome est constitué d'un noyau formé de protons et neutrons, entouré d'électrons ;
- les protons et neutrons sont, eux, formés de quarks, qui sont les particules les plus élémentaires que nous connaissons.

En 1948, le physicien russe George Gamow propose une première description de la formation de la matière primordiale comme une sorte de grand jeu de Lego. Au commencement de l'Univers étaient les quarks, incapables de se regrouper pour former des protons à cause de la température infernale. Mais une fraction de seconde après le Big Bang, la température avait déjà suffisamment baissé pour que les quarks puissent se regrouper pour former des protons et neutrons : c'est la **baryosynthèse**. Au bout de quelques minutes, c'était au tour des protons et neutrons de fusionner pour former des noyaux légers : c'est la **nucléosynthèse**. Pour former les atomes qu'on connaît aujourd'hui, il manquait des électrons à ces noyaux. Pendant les 380 000 ans qui suivirent, l'Univers resta donc sous la forme d'une sorte de grande soupe sans structure que l'on qualifie de **plasma**.

QU'EST-CE QU'UN PLASMA ?

Bien qu'on ne le rencontre que rarement dans la vie courante (on peut l'observer dans les téléviseurs plasma, la foudre ou encore les aurores boréales), le plasma est l'état de la matière le plus répandu dans l'Univers. C'est le plasma qui emplit majoritairement l'espace intersidéral et qui compose l'atmosphère des étoiles. On en trouve aussi dans certaines des couches atmosphériques de la Terre, et il possède une particularité importante : il transmet très mal la lumière.

En effet, dans un plasma, les atomes, habituellement électriquement neutres, sont dissociés : les noyaux (chargés positivement) sont séparés des électrons (chargés négativement). Comme la lumière interagit fortement avec les charges électriques, elle a tendance à se cogner contre les noyaux. Ces chocs entravent son parcours et l'empêchent de se propager librement, ce qui rend les plasmas opaques. Une aubaine pour les télécommunications sur Terre : le plasma contenu dans l'atmosphère a le bon goût de réfléchir les ondes radio, ce qui permet de transmettre ces dernières d'un continent à l'autre en les envoyant rebondir contre le ciel.

Et la lumière surgit

Quelque 380 000 années après le Big Bang, l'Univers atteignit la modeste température de 3 000 °C, suffisamment basse pour permettre aux noyaux de s'accaparer des électrons : c'est l'instant de **recombinaison**. L'Univers cessa alors d'être un plasma, et la lumière fut enfin libre de se déplacer sans entrave.

Ce moment est crucial. De la même manière qu'avant le mur de Planck on ne *comprend rien*, avant la recombinaison on ne *voit rien*. La lumière qui baignait dans l'Univers depuis le Big Bang y est soudainement relâchée : elle se révèle à nos télescopes comme la première image sur le vif de l'Univers. Les cosmologues appellent cette image le **fond diffus cosmologique**, mais on lui préférera la jolie qualification de **rayonnement fossile**.

À quoi peut bien ressembler une photographie de cette première lumière ? À peu de choses, en réalité. Comme nous venons de le voir, l'Univers n'était à ses premiers instants qu'une grande soupe sans consistance. Mais toute substance émet naturellement de la lumière. Même un t-shirt noir, qui absorbe toutes les fréquences visibles, émet de la lumière à des fréquences plus basses pour éviter de surchauffer : c'est ce qu'on appelle le **rayonnement du corps noir**[5]. Ce dernier est aussi appelé rayonnement thermique, car sa fréquence dépend de la température : les objets chauds émettent de hautes fréquences, et les objets froids émettent de basses fréquences.

Le corps humain émet lui aussi un rayonnement lumineux d'origine thermique, de fréquence trop basse pour être observée à l'œil nu, mais facile à détecter à l'aide d'une caméra appropriée : c'est ainsi que fonctionnent les caméras et thermomètres infrarouges. Il faut des objets bien plus chauds, de l'ordre du millier de degrés, pour que le rayonnement thermique entre dans le domaine de la lumière visible : c'est le cas des flammes ou encore du fer chauffé à haute température.

5. Le rayonnement du corps noir, décrit par la physique quantique, était au cœur du nuage de Kelvin que nous avons évoqué au cours du premier chapitre.

Les derniers échos du Big Bang

Le rayonnement fossile n'est rien d'autre que le rayonnement thermique du plasma qui constituait l'Univers primitif. La température au moment de la recombinaison était de l'ordre de 3 000 °C, ce qui est comparable à celle des ampoules à incandescence classiques. Le rayonnement fossile était donc à l'origine une lumière blanche omniprésente, qui nous aurait éblouis depuis toutes les directions !

Heureusement, la fréquence de ce rayonnement n'a cessé de diminuer depuis son émission, par le même phénomène de *redshift* qu'observait Hubble. Aujourd'hui, le rayonnement fossile se situe dans le domaine des micro-ondes, invisible, donc, à l'œil nu. Tout comme la lumière des galaxies lointaines, ce rayonnement fossile finira un jour par s'éteindre, emportant avec lui les traces du Big Bang. En plus d'ignorer l'immensité actuelle de l'Univers, les civilisations du futur n'auront donc jamais la chance de pouvoir remonter à ses origines…

LE RAYONNEMENT FOSSILE

Photographie sur le vif de l'Univers à l'instant de la recombinaison, le rayonnement fossile est le principal outil à la disposition des cosmologues pour sonder les paysages clair-obscur de l'Univers primordial. Découvert dans les années 1960, ce précieux signal faillit être confondu avec une fiente de pigeon !

Une découverte fortuite

Le 20 mai 1964, les physiciens **Arno Penzias** et **Robert Wilson** étaient loin de se douter qu'ils allaient chambouler l'histoire de la cosmologie. Aux manettes d'une gigantesque antenne fabriquée aux Laboratoires Bell dans le New Jersey, censée communiquer par ondes radio avec un satellite, ils essayaient de se débarrasser de bruits parasites. À leur désarroi, un mystérieux grésillement ne semblait pas vouloir disparaître. Les deux collègues suspectèrent des fientes d'oiseau d'en être à l'origine et nettoyèrent l'intérieur de l'antenne. Rien à faire, ce malheureux signal subsistait.

Au même moment, une équipe de chercheurs de l'Université de Princeton se préparait à conduire une expérience visant à détecter le rayonnement fossile prédit depuis une quinzaine d'années par les cosmologues de l'équipe de George Gamow. Ayant eu vent de ce projet par un collègue scientifique, les bienheureux Penzias et Wilson comprirent que ce qu'ils pensaient être un bruit parasite était en fait la plus importante découverte en cosmologie depuis celle du *redshift* par Hubble. Ils furent récompensés du prix Nobel de physique en 1978.

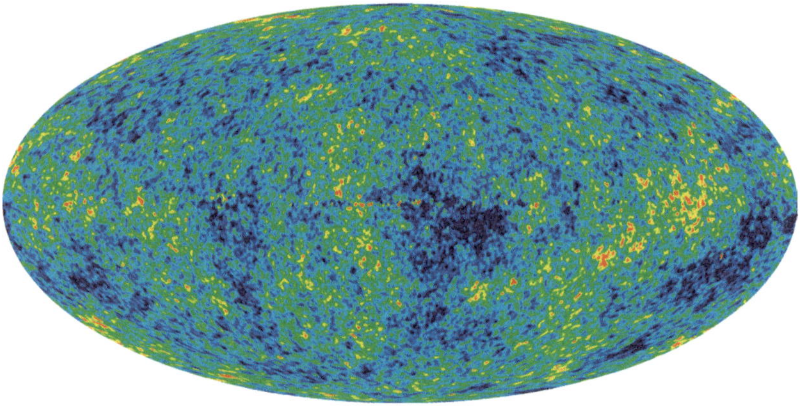

Le rayonnement fossile, tel qu'observé par la mission WMAP en 2003. Chaque point correspond à une direction d'observation sur la voûte céleste, et sa couleur représente l'intensité du rayonnement provenant de cette direction.

LA DÉCOUVERTE DU FOUR À MICRO-ONDES

En physique, il n'est pas rare que des découvertes révolutionnaires arrivent par hasard. Les micro-ondes sont à cet égard un exemple emblématique. Tout le monde les connaît, non pas grâce à la découverte inattendue de Penzias et Wilson, mais grâce au four à micro-ondes.

Elle serait le fruit de la négligence de l'ingénieur américain Percy Spencer, qui laissa en 1925 une barre de chocolat traîner dans sa poche près d'une source de micro-ondes.

Voyant son casse-croûte fondre, Spencer prit conscience de la potentielle utilité de ce phénomène, et commercialisa le premier four à micro-ondes de l'histoire en 1946 !

Observer le rayonnement fossile

Comment Penzias et Wilson purent-ils, rétrospectivement, être certains que ce signal qu'ils détectèrent le 20 mai 1964 était une relique de l'Univers primordial, et non autre chose ? D'abord parce que la fréquence du signal qu'ils mesurèrent correspondait bien, après quelques corrections, à celle du rayonnement fossile prédite par les cosmologues. Mais aussi et surtout parce que ce signal semblait provenir de toutes les directions. Ceci exclut la possibilité qu'il provienne d'un astre en particulier, puisqu'aucun astre ne peut recouvrir l'intégralité du ciel. Il s'agissait bel et bien d'un rayonnement de type nouveau, qui fut libéré partout dans l'Univers, et l'emplit encore de nos jours.

Néanmoins, de minuscules variations d'intensité existent d'un angle d'observation à l'autre, de l'ordre d'un dix millième de pour cent. Ils correspondent aux « grumeaux » qui flottaient dans la grande soupe de l'Univers primitif, et sont extrêmement précieux pour les cosmologues, notamment pour ajuster les paramètres du modèle ΛCDM. Cartographier ces grumeaux le plus précisément possible est le principal objectif des différentes missions d'observation, dont COBE, de 1989 à 1996, WMAP, de 2001 à 2003, et Planck, de 2009 à 2018.

LE RAYONNEMENT FOSSILE EN DIRECT

Vous pouvez vous-même, à la manière de Penzias et Wilson, observer le rayonnement fossile, si vous avez la chance de disposer d'un téléviseur à tube cathodique dans votre cave. Dépoussiérez ce dernier, allumez-le et réglez l'antenne en dehors des fréquences des chaînes habituelles : vous observerez une sorte de neige. Environ 1 % de ce signal brouillé est dû au rayonnement fossile. À défaut de vous montrer les dernières sorties du box-office, le rustique téléviseur vous offre ainsi à voir la première photographie de l'Univers.

Les mystères du rayonnement fossile

Comme nous venons de le voir, le rayonnement fossile nous fournit une image très lisse de l'Univers primordial. Or, pour qu'un milieu soit homogène, il faut qu'une force l'ait préalablement mélangé, comme celle qu'on applique au café au lait en le touillant à l'aide d'une cuillère. Mais ici apparaît un premier paradoxe : l'Univers observable est si grand que le mélanger serait davantage comparable à remuer tout l'océan Pacifique avec un cure-dent. Même une force se propageant à la vitesse de la lumière n'aurait pas eu le temps de mélanger l'Univers observable depuis le Big Bang ! L'homogénéité du rayonnement fossile est donc difficile à interpréter : c'est ce qu'on appelle le **problème de l'horizon**.

Second problème : le rayonnement fossile donne l'image d'un Univers plat, sans courbure globale. Comme nous l'avons vu au chapitre précédent, cela signifierait que la densité de matière de l'Univers est exactement égale à la densité critique. Rajoutez-y un peu de matière, et tout implose ; enlevez-en un peu, et tout explose ! Cet ajustement parfait de la quantité de la matière n'est pas un paradoxe en soi, mais il semble être une coïncidence très improbable, et fut appelé le **problème de la platitude**.

L'inflation cosmique

La théorie de l'inflation cosmique, proposée dans les années 1970 par le cosmologue américain Alan Guth, stipule l'existence d'une phase d'inflation phénoménale peu après le Big Bang, durant laquelle l'Univers observable passa de la taille d'un noyau d'atome à celle d'un ballon de football en une fraction de seconde ! Cette impulsion originelle, encore très controversée, offre une explication plausible aux deux problèmes soulevés par le rayonnement fossile.

L'homogénéité de l'Univers primitif serait en fait rémanente de son état pré-inflation, où il était assez petit pour être mélangé : son homogénéité d'alors se serait figée sur le coup de l'inflation. Quant à sa platitude, elle serait le résultat du fait qu'on n'observe qu'une infime portion de l'Univers. En effet, la quasi-totalité de l'Univers se serait échappée de nous plus vite que la lumière lors de l'inflation, sortant à tout jamais de notre horizon observable. Seul notre voisinage le plus direct reste visible aujourd'hui : c'est l'Univers observable. Ce dernier nous paraîtrait donc plat pour la même raison que la Terre nous paraît plate : nous n'avons pas le recul suffisant pour voir la courbure !

DES UNIVERS-BULLES

Qu'est-ce qui a bien pu causer l'inflation ? Les différents mécanismes proposés sont encore loin de faire consensus. Le père de l'inflation, Alan Guth, l'attribua à la présence d'une substance emplissant l'Univers : **l'inflaton**.

Dans les conditions extrêmes régnant après le Big Bang, l'inflaton se serait trouvé dans un état de haute énergie qui aurait conduit à l'inflation cosmique. Mais comme cette inflation s'accompagne d'un brusque refroidissement, l'inflaton serait, en un point de l'espace, tombé de cet état de haute énergie, freinant brutalement l'expansion autour de ce point.

Selon certaines hypothèses, l'Univers dans lequel nous habitons se serait alors cristallisé comme une bulle autour de ce point, continuant à s'étendre grâce à l'énergie noire (dont certains pensent qu'elle correspond à l'état de basse énergie de l'inflaton), mais à une vitesse bien plus lente. En dehors de notre bulle, l'espace continuerait alors son inflation vertigineuse, et d'autres Univers-bulles se formeraient ailleurs.

DES ÉTOILES AUX TROUS NOIRS

Quel est le point commun entre le livre que vous tenez entre vos mains, vos mains elles-mêmes et l'air que vous respirez ? Dans les trois cas, il s'agit de *poussières d'étoiles*. Hubert Reeves, astrophysicien et vulgarisateur français, a choisi cette expression pour le titre d'un de ses livres les plus célèbres, paru en 1984. Qu'entendait-il par là ? Et pourquoi parler des étoiles dans un livre consacré à la relativité ?

La vie des étoiles

Les étoiles se forment dans des nuages interstellaires, comme ceux qui règnent autour des galaxies. Lorsqu'un « grumeau » – zone un peu plus dense que les autres – se forme, les forces gravitationnelles l'amplifient jusqu'à former un agglutinat compact de matière : une étoile est née. Ce mode de formation n'est pas sans rappeler celui des planètes, comme la Terre, qui se forment à partir de la matière (solide ou gazeuse) en orbite autour d'une étoile, de même que leurs satellites, comme la Lune, qui se forment grâce aux débris en orbite autour des planètes. Partout dans l'Univers, c'est la gravité qui permet à la matière de s'agglutiner pour former des structures complexes.

Une étoile est une grande boule de feu qui se consume. Son existence met en jeu deux actions contraires : la gravité, qui la fait tendre vers l'implosion, et l'énergie libérée par la combustion, qui lui permet de maintenir sa taille tant qu'il lui reste du carburant. Au départ, une étoile met en jeu la fusion d'atomes simples, comme on cherche à la recréer dans les centrales à fusion nucléaire : principalement la fusion d'atomes d'hydrogène pour former de l'hélium.

Cette réaction libère de grandes quantités d'énergie. En conséquence, la température au cœur de la jeune étoile augmente, permettant aux atomes d'hélium de se combiner à leur tour pour former des atomes de béryllium, deux fois plus gros. Si la température le permet, le béryllium se combine avec d'autres atomes d'hélium pour former du carbone, brique de base de la vie sous toutes ses formes. La chaîne de réaction se poursuit, avec la formation d'éléments chimiques de plus en plus lourds : azote, oxygène, néon...

Les étoiles sont ainsi de véritables usines à matière : en agglutinant progressivement des petits atomes pour en former des plus gros, elles sont à l'origine de la faune d'éléments chimiques qui peuplent l'Univers, y compris les atomes qui nous constituent !

La mort des étoiles

Les étoiles peuvent être de tailles très différentes : certaines sont comparables aux planètes, tandis que d'autres pourraient contenir plusieurs milliers de Soleils. Leur masse est déterminante en ce qui concerne leur évolution.

Commençons par les « petites » étoiles comme le Soleil. À mesure que la température augmente, la fusion se déplace du centre de l'étoile vers les couches périphériques, qui se mettent à se dilater, formant une géante rouge. En ce qui concerne le Soleil, l'expansion sera telle que la géante rouge engloutira la Terre entièrement dans 5 milliards d'années. Lorsque le cœur de l'étoile arrive au bout de ses réserves d'hélium, il se contracte brusquement tandis que les couches superficielles sont expulsées : on observe alors une nébuleuse, un de ces nuages bigarrés qui ornent les chambres des amateurs d'astronomie.

La nébuleuse du crabe, observée par le télescope Hubble.
En son centre se trouve une étoile à neutron.

Dans le cas d'étoiles beaucoup plus massives que le Soleil, la température est suffisante pour engendrer une longue chaîne de combustion. Des atomes de plus en plus lourds sont fusionnés, jusqu'au moment fatidique de la formation de l'atome de fer. Extrêmement stable, cet atome ne peut se combiner avec d'autres et les réactions de fusion s'interrompent brusquement. La gravité prend alors le dessus : le cœur de l'étoile s'effondre sur lui-même pour former un noyau très compact. Les couches externes, elles, tombent à une vitesse vertigineuse sur ce noyau, rebondissent dessus et sont violemment expulsées. S'ensuit une supernova, une déflagration aussi violente que spectaculaire, qui peut émettre plus de lumière qu'une galaxie entière !

Les cadavres d'étoiles

Que devient le résidu d'une étoile après sa mort ? Tout dépend encore de la masse initiale de l'astre : plus elles sont lourdes, plus leur résidu est écrasé par la gravité.

Chez les étoiles similaires au Soleil, le noyau devient une naine blanche, un objet déjà très compact, puisqu'il concentre une masse comparable à celle du Soleil dans le volume d'une planète. Mais ce n'est rien comparé aux étoiles à neutrons, qui se forment à partir d'étoiles plus lourdes que le Soleil, mais ne dépassent pas la taille d'une grande ville !

Ces objets parviennent à lutter contre la gravité par l'intervention d'une mystérieuse force appelée **pression de dégénérescence**. D'origine quantique, cette force est liée à l'extrême densité du noyau : les particules y sont si confinées qu'elles se repoussent pour éviter d'occuper le même lieu.

La limite est atteinte lorsque l'étoile excède une certaine masse critique (environ 30 fois la masse du Soleil). La gravité devient insurmontable : même la pression de dégénérescence ne suffit plus pour éviter l'implosion. Le noyau continue de s'effondrer sur lui-même, jusqu'à ce que toute la matière qu'il contient se retrouve compactée en un point de densité infinie. Vous l'aurez peut-être deviné : un trou noir est né. Rendez-vous au chapitre suivant pour découvrir cet objet extraordinaire, fer de lance de la relativité générale.

LES SURSAUTS GAMMA

Si l'Étoile de la Mort de *Star Wars* devait s'incarner dans la nature, ce serait sans doute à travers les étoiles à neutrons. Ces dernières ont la capacité d'émettre un rayon surpuissant lorsqu'elles entrent en collision. On appelle ce phénomène un **sursaut gamma**. En raison de la nature du rayon émis (les ondes gamma sont les ondes électromagnétiques les plus puissantes qui existent) et de son caractère bref et intense, ce type d'événement relâche, en quelques secondes, autant d'énergie que le Soleil durant sa vie entière.

Cette énergie est entièrement concentrée dans un cône étroit, qui a la capacité de désintégrer tout ce qui se trouve sur son passage à plusieurs années-lumière à la ronde. Heureusement, il n'y a probablement pas d'étoiles à neutrons dans notre voisinage pour nous menacer d'un tel sort. Néanmoins, nous recevons plusieurs fois par jour des traces de sursauts gamma lointains. Leur découverte, en 1967, fut à nouveau le fruit d'un pur hasard : elle découla des observations d'un satellite de l'U.S. Air Force, dont la mission était de détecter les rayons gamma issus des essais nucléaires soviétiques !

LA FIN DE L'ÉTERNITÉ

Notre voyage à travers les âges touche à sa fin. Après avoir décrit le Big Bang, la genèse des particules élémentaires, des atomes puis des étoiles, nous atteignons le destin inéluctable de l'Univers : sa mort. Aura-t-on droit à une apothéose spectaculaire ou à un essoufflement tragique ? Ici, tous les scénarios sont possibles.

Un grand déchirement ?

Commençons par la fin la plus spectaculaire qu'on puisse imaginer : un grand déchirement de l'Univers, alias *Big Rip*. Comme on l'a détaillé, l'Univers est en expansion du fait de l'énergie noire. À l'heure actuelle, cette dernière est suffisamment faible devant la gravité pour ne pas affecter les structures qui nous entourent. Ainsi, les galaxies ne s'étalent pas sous son influence et les étoiles qu'elles contiennent ne s'éloignent pas les unes des autres. Mais dans les immenses contrées vides de l'espace intergalactique, les effets de l'énergie noire provoquent l'éloignement des galaxies.

Que se passerait-il si l'expansion de l'Univers se mettait à s'emballer ? Si les effets de l'énergie noire s'amplifiaient ? On parle dans ce cas d'énergie fantôme : cette dernière pourrait devenir suffisamment forte pour désagréger les corps célestes. Depuis la Terre, nous verrions les galaxies disparaître du ciel nocturne, puis les étoiles s'éteindre, suivies des planètes, du Soleil et enfin de la Lune... Jusqu'à la dernière seconde fatidique où la Terre se disloquerait à son tour et les atomes de notre corps voleraient en éclats. Une fin terrifiante, mais peu probable, les physiciens étant pour la plupart convaincus que l'énergie fantôme n'existe pas.

Un grand rebond ?

À l'inverse, qui nous dit que l'énergie noire ne pourrait pas se tarir ? L'expansion de l'Univers commencerait alors à ralentir, jusqu'à s'arrêter puis s'inverser. Sous l'effet d'une gravité seule reine du cosmos, les galaxies et trous noirs peuplant ses contrées entameraient une folle course les unes vers les autres. Les trous noirs s'en donneraient à cœur joie et dévoreraient tout sur leur passage, et fusionneraient les uns avec les autres jusqu'à former un unique méga-trou noir. Au centre de ce dernier se trouverait toute la matière de l'Univers, exactement comme lors du Big Bang ! On parle alors d'un *Big Crunch*.

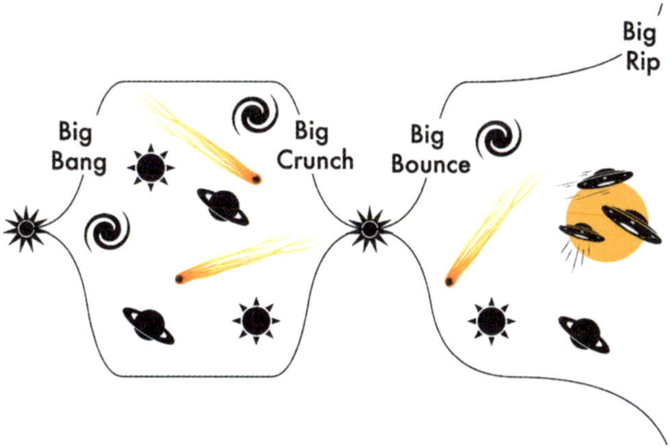

*Les deux types de mort de l'Univers les plus spectaculaires : le **Big Crunch** et le **Big Rip**.*

Serait-ce le début d'un nouvel Univers ? C'est un des scénarios qui pourrait justifier la théorie du *Big Bounce*, selon laquelle notre Univers provient de l'effondrement d'un Univers précédent, lui-même né des cendres d'un autre Univers... Notre cher Univers ne serait qu'une inspiration quelconque dans une séquence infinie de respirations cosmiques.

Vertigineux et esthétique, ce second scénario reste néanmoins très spéculatif, car rien ne semble indiquer que l'énergie noire pourrait faiblir un jour.

Un grand refroidissement ?

Après ces deux achèvements flamboyants, décrivons le scénario le plus vraisemblable : celui d'un grand refroidissement, dit aussi « mort thermique ».

Notre Univers vit ses plus beaux millénaires : les étoiles naissent et meurent au sein des galaxies, illuminent l'espace, fabriquent des atomes de toutes sortes et réchauffent notre atmosphère. Elles se reproduisent pour l'instant efficacement : chaque étoile qui explose libère de gigantesques nuages de gaz, qui finissent par se recompacter pour former de nouvelles étoiles. Mais à mesure que l'Univers vieillit, de plus en plus de matière se retrouve emprisonnée dans des cadavres d'étoiles inertes (trous noirs et naines blanches), tandis que les nuages de gaz se diluent et refroidissent.

Ainsi, l'âge des étoiles prendra inévitablement fin, et laissera place à l'âge des trous noirs, qui peupleront un Univers froid et obscur. Est-ce là le sort final de l'Univers ? Toujours pas, car les trous noirs ne sont pas éternels. Comme nous le verrons au cours du prochain chapitre, les trous noirs s'évaporent sous forme de lumière, et finiront par laisser place à un Univers plus vide que jamais, parsemé de quelques particules et rayons lumineux solitaires.

Heureusement, cet avenir funeste est aussi inéluctable qu'il est lointain, et il est peu probable que des humains tels que nous les connaissons aujourd'hui assistent à cette triste fin de partie.

L'ENTROPIE

La mort thermique de l'Univers est liée à une notion apparue au XIXe siècle, bien avant la relativité générale : **l'entropie**. C'est le mot qu'emploient les physiciens pour désigner le désordre. Lorsque vous versez du lait dans votre café, vous augmentez l'entropie de l'ensemble : vous passez d'une configuration ordonnée, où le lait et le café sont séparés, à une configuration désordonnée où ils sont mélangés.

La seconde loi de la thermodynamique, énoncée par l'illustre physicien Ludwig Boltzmann en 1872, stipule que l'entropie d'un système sans contact avec l'extérieur ne peut qu'augmenter au cours du temps.

Une fois que le lait et le café sont mélangés, ils sont indissociables : il est impossible de les séparer, car cela diminuerait l'entropie de l'ensemble. De même, l'Univers, pris dans son ensemble, doit spontanément évoluer vers un état de plus en plus désordonné. Comme le nuage de lait dans le café, il tend à s'homogénéiser avec le temps. L'état d'entropie maximale vers lequel il se dirige inéluctablement est désespérant d'ennui : un nuage de poussière parfaitement homogène, refroidissant sans fin du fait de la sempiternelle expansion.

QUATRIÈME PARTIE

LES CURIOSITÉS DE L'ESPACE-TEMPS

« Les trous noirs ?
C'est là où Dieu a divisé par zéro... »

ALBERT EINSTEIN

L'ébouriffante histoire de l'Univers nous a fait toucher du doigt l'importance que revêt la relativité générale en physique. Cette théorie, qui à l'origine devait simplement marier la relativité restreinte et la loi de la gravitation de Newton, s'est avérée suffisamment puissante pour être appliquée à l'échelle de l'Univers entier et décrire son évolution depuis le Big Bang. Mais la cosmologie n'est pas la seule discipline à avoir été révolutionnée par la relativité générale. Dans cette dernière partie, nous allons découvrir en quoi cette théorie a enrichi l'astrophysique, qui étudie les objets peuplant l'Univers et les phénomènes qui leur sont associés.

Au cœur de la relativité générale est l'équation d'Einstein, décrivant l'interaction entre la matière et l'espace-temps. La complexité de cette équation en fait un jouet inépuisable pour les mathématiciens et physiciens, qui peuvent s'amuser à en chercher des solutions extravagantes. Nous vous proposons de rencontrer les curiosités spatio-temporelles qui découlent de ces explorations. Certaines, comme les trous de vers qui permettraient de voyager d'un bout à l'autre de l'Univers d'une enjambée, n'appartiennent (pour l'instant) qu'aux récits de science-fiction. Mais deux d'entre elles, non moins exotiques, se sont récemment matérialisées dans notre ciel : les trous noirs et les ondes gravitationnelles.

Comètes, étoiles, nébuleuses, galaxies... Voilà les personnages habituels du grand roman de l'astrophysique. Grâce à la relativité générale, ce roman compte deux nouveaux protagonistes et peut-être bien d'autres à venir. Ils feront l'objet des deux derniers chapitres de ce livre.

CHAPITRE 7

LES TROUS NOIRS

LA NAISSANCE DES TROUS NOIRS

Dans ce chapitre, nous pénétrons dans le royaume des trous noirs, géants parmi les géants, dominant un cosmos soumis à leur loi gravitationnelle. Ils fascinent autant qu'ils effraient, intriguent autant qu'ils perturbent : ils sont l'objet ultime de la relativité générale. En s'intéressant à l'histoire de leur découverte, depuis leur prédiction mathématique en 1916 jusqu'à leur observation en 2019, nous effectuerons l'avant-dernière étape de notre voyage relativiste… Mais quelle étape !

Un physicien sur le front

Tout commence en 1916, alors que le monde est plongé dans le déchaînement de violence qu'est la Première Guerre mondiale. **Karl Schwarzschild**, physicien allemand de renom et directeur de l'Observatoire de Potsdam, s'engage dans l'artillerie allemande et part combattre sur le front russe. C'est dans ce contexte invivable qu'il découvre les écrits d'Einstein sur la relativité générale, publiés en novembre 1915. Il examine cette nouvelle théorie de la gravitation sous toutes ses coutures, et dès janvier 1916, il envoie une lettre à Einstein contenant ce que l'histoire retiendra comme la solution de Schwarzschild.

C'est la première solution exacte et physiquement intéressante de l'équation d'Einstein, qui n'avait été publiée que deux mois avant ! Compte tenu de la complexité mathématique de cette équation, les travaux de Schwarzschild sont spectaculaires, tant par leur précocité que par leur héritage théorique et observationnel. Hélas, Schwarzschild décède le 11 mai 1916 des suites d'une maladie contractée dans les tranchées, après avoir marqué à jamais l'histoire de la physique.

Que décrit cette solution ? Simplement le champ gravitationnel autour d'un objet parfaitement sphérique, ce qui inclut par exemple les étoiles et les planètes. C'est grâce à elle qu'Einstein put résoudre le mystère du périhélie de Mercure et prédire l'effet de lentille gravitationnelle. Mais pourquoi en parler dans un chapitre consacré aux trous noirs ? Patience, nous y arrivons !

Un point de non-retour

Au premier coup d'œil, la solution de Schwarzschild ne nous dit rien de nouveau par rapport à la gravitation newtonienne : on peut simplement y lire le fait que le champ gravitationnel – ou plutôt, la courbure de l'espace-temps – devient de plus en plus fort à mesure que l'on s'approche du centre de l'objet attracteur. Échapper à son attraction s'apparente à remonter un torrent à contre-courant en montagne : le courant devient de plus en plus fort en s'approchant de l'objet.

Seulement, voici la nouveauté : à une certaine distance de l'objet, appelée son **rayon de Schwarzschild**, le courant devient insurmontable : il faudrait nager à la vitesse de la lumière pour espérer le vaincre. À cet endroit, l'attraction gravitationnelle est si forte qu'il devient impossible de s'en extirper, même pour la lumière : c'est ce qu'on appelle **l'horizon des événements**. On ne peut traverser cet horizon que dans un sens : de l'extérieur vers l'intérieur.

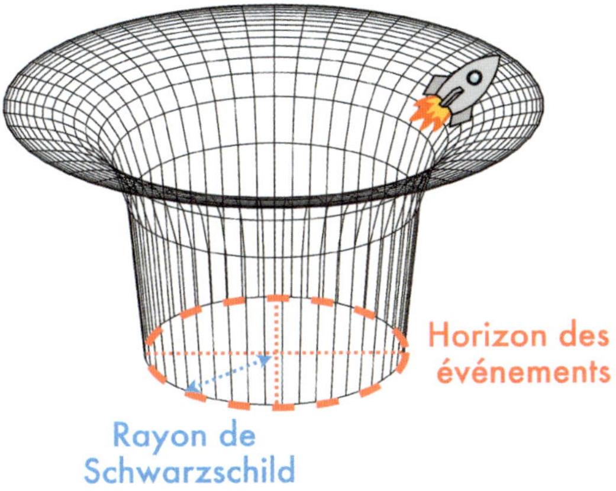

La solution de Schwarzschild s'apparente à un puits sans fond dont il ne faut pas trop s'approcher, au risque d'y être piégé pour l'éternité !

Remarquez que jusqu'ici, il n'est pas encore question de trou noir. N'importe quel objet sphérique possède un rayon de Schwarzschild. Pour qu'il devienne un trou noir, il faut qu'il soit suffisamment dense pour que l'intégralité de sa masse tienne à l'intérieur de son rayon de Schwarzschild. Ce rayon se matérialise alors sous la forme d'un horizon, happant irréversiblement tout ce qui passe à proximité.

Heureusement pour nous, la Terre est assez légère, et son rayon de Schwarzschild ne mesure qu'un petit centimètre. Pour que notre planète devienne un trou noir, il faudrait l'écraser jusqu'à ce qu'elle tienne dans le volume d'une bille : c'est dire la densité requise ! Quant au Soleil, il faudrait le compacter dans un volume équivalent au mont Blanc.

Les trous noirs existent-ils ?

Cela va sans dire, ces conditions extrêmes de densité semblent *a priori* difficiles à réunir. C'est pourquoi la description mathématique de Schwarzschild ne fut pas suffisante pour convaincre les physiciens de l'existence des trous noirs. Einstein lui-même, peut-être jaloux de s'être fait devancer, les qualifiait d'irréalistes.

Pour que les trous noirs deviennent un objet de la physique, il leur manquait un élément essentiel : un mécanisme de formation. Ce n'est qu'en 1935 que ce dernier apparut, lorsque l'astrophysicien indien Subrahmanyan Chandrasekhar réalisa que les étoiles les plus massives, arrivées en fin de vie, n'ont d'autre solution que de s'effondrer en un point de densité extrême. Ses travaux ravivèrent la recherche sur les trous noirs, qui atteignit son âge d'or dans les années 1960, durant lesquelles d'autres types de trous noirs plus complexes furent imaginés.

C'est aussi dans les années 1960 que l'expression « trou noir » fut inventée (elle est souvent attribuée à John Wheeler), et s'installa dans la culture populaire aussi rapidement que le « Big Bang ». Les trous noirs doivent leur nom à leur particularité la plus frappante : leur capacité à happer les rayons lumineux du seul fait de leur champ gravitationnel. Conséquence : ils s'apparentent à des trous percés dans le cosmos, absorbant et déviant la lumière des astres qui se trouvent derrière eux !

ENTREVOIR UN TROU NOIR

Nous venons de décrire les trous noirs comme des objets suffisamment denses pour aspirer la lumière environnante. On s'attendrait donc à ce que ces objets soient parfaitement invisibles. Pourtant, le 10 avril 2019, une observation historique secoua la communauté scientifique : la première image d'un trou noir ! Comment une telle observation fut-elle possible ?

La robe des trous noirs

Nous le savons depuis notre plus jeune âge : la Lune tourne autour de son attracteur, la Terre, qui tourne elle-même autour de son attracteur, le Soleil. Les objets légers tournent autour des objets lourds. Rois parmi les objets lourds, les trous noirs ne font pas exception. Comme la planète Saturne, ils peuvent s'entourer d'un disque de matière dont ils orchestrent la rotation.

C'est le disque du trou noir M87*, logé au centre de la galaxie M87, elle-même située à quelque 50 millions d'années-lumière de la Voie lactée, que les astronomes ont eu la chance d'observer le 10 avril 2019. Ils nous ont ainsi offert la première preuve directe de l'existence des trous noirs, les ondes gravitationnelles que nous découvrirons dans le prochain chapitre n'ayant apporté que des preuves indirectes. Si on a pu observer ce disque depuis une telle distance, c'est qu'à la différence des anneaux inertes de Saturne, ce genre de disque ne se contente pas de réfléchir la lumière environnante : il émet sa propre lumière.

Le gaz dont il est constitué est emporté dans une infernale tornade qui accélère à des vitesses qu'on ne retrouve nulle part ailleurs dans l'Univers : jusqu'à un dixième de la vitesse de la lumière ! Prise dans des turbulences terribles, la matière se heurte, se frotte et se déchire. Sa température monte jusqu'à plusieurs millions de degrés, atteignant des valeurs proches de celles du noyau solaire. Pour dissiper cette chaleur, le disque émet une quantité phénoménale de lumière grâce au rayonnement thermique évoqué au chapitre précédent. En contrepartie, elle perd de l'énergie, et finira inéluctablement sa course dans le trou noir.

Ainsi, en dévorant les débris environnants – nuages, planètes, étoiles –, les trous noirs peuvent devenir les objets les plus brillants de l'Univers, émettant quelques centaines de fois plus de lumière que notre galaxie entière !

Prenez le temps d'admirer leur robe incandescente sur les images suivantes. Curieusement, on semble y voir le disque dans son intégralité, alors qu'on s'attendrait à ce que l'arrière du disque soit caché par le trou noir, comme le sont les anneaux de Saturne par leur planète. Il s'agit en fait d'une illusion due au phénomène de lentille gravitationnelle : la lumière émise à l'arrière du disque, qui devrait être cachée par le trou noir, est suffisamment déviée pour le contourner et parvenir jusqu'à nos yeux.

La juxtaposition des deux images démontre la puissance de la relativité générale. Celle à gauche correspond à l'observation directe du trou noir M87* en 2019. Elle vient confirmer les simulations réalisées quarante ans auparavant par l'astrophysicien français Jean-Pierre Luminet (photo de droite), basées sur les mathématiques centenaires de Schwarzschild.

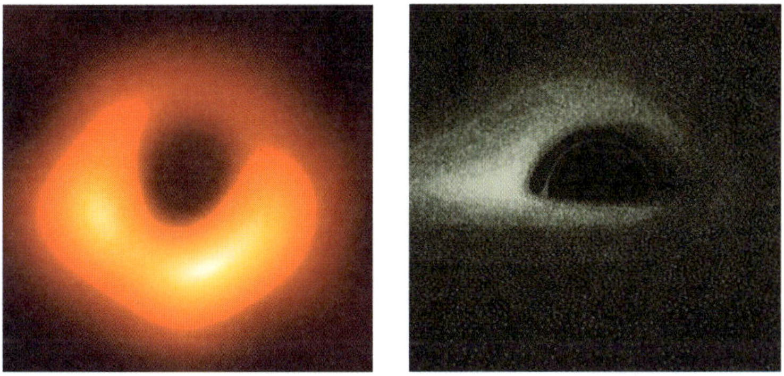

© NASA

Un trou noir, observé par l'Event Horizon Telescope en 2019 (gauche) et simulé à partir de la solution de Schwharzschild (droite).

Un télescope grand comme la Terre

Le disque de M87* est gigantesque : il mesure environ une année-lumière de diamètre, soit la taille de notre Système solaire. Mais il est aussi très éloigné de la Terre, de quelques 50 millions d'années-lumière. Observer M87* depuis la Terre revient à observer un grain de sable sur une plage de Californie depuis New York ! Les télescopes optiques les plus puissants, larges d'une dizaine de mètres de diamètre, ne parviendraient même pas à discerner une balle de tennis à cette distance. Pour voir plus loin, il n'y a qu'une solution : augmenter la taille du télescope.

C'est ici qu'intervient le pari fou de la collaboration Event Horizon Telescope, lancée en 2009. Bien sûr, il ne s'agit pas d'un unique télescope muni d'un miroir géant, mais plutôt d'un réseau de « petits » télescopes disposés aux quatre coins de la planète : Europe, Amérique du Sud et du Nord, Antarctique, etc. Ces différents télescopes combinent leurs observations en utilisant un outil extrêmement puissant : l'interférométrie.

Utilisée pour explorer la nature de l'éther à la fin du XIXe siècle (voir le chapitre 1 de ce livre), l'interférométrie est aussi au cœur de la détection des ondes gravitationnelles (voir le chapitre suivant). Grâce à cette technique, le réseau de télescopes peut obtenir la même résolution qu'un unique télescope de la taille de la Terre !

Parmi ce réseau, on trouve par exemple le radiotélescope ALMA[6]. Installé à 5 100 mètres d'altitude dans le désert de l'Atacama, au Chili, il est à lui seul constitué de plusieurs dizaines d'antennes de dix mètres de diamètre (voir photographie ci-dessous).

Le « champ » d'antennes qui constitue le radiotélescope ALMA.

C'est le 10 avril 2019 que la collaboration obtient son premier grand succès, lorsque la première image du trou noir M87* est rendue publique. Cent ans après la première observation de mirages gravitationnels par Eddington, cette image donne à voir une des plus belles illustrations visuelles de la relativité générale, et clôt définitivement le débat sur l'existence des trous noirs.

6. Signifie *Atacama Large Millimeter Array*. En français : Grand réseau d'antennes millimétrique de l'Atacama.

Prochain objectif pour l'Event Horizon Telescope : photographier le trou noir super-massif situé au centre de notre galaxie, Sagittarius A*.

VOYAGE AU CŒUR D'UN TROU NOIR

Que se passerait-il si vous tombiez dans un trou noir ? Pour découvrir les mystères que renferment ces goinfres cosmiques, nous vous proposons un aller simple à destination de leur centre. Préparez-vous à subir les déchaînements les plus extrêmes de l'espace-temps !

Une chute renversante

Commençons par une mise en garde : ce voyage n'est pas sans risques. Si vous plongiez tête la première dans le trou noir, le haut de votre corps serait plus proche du centre du trou noir que vos pieds, et il subirait un champ gravitationnel bien plus fort. En vous approchant du trou noir, vous seriez donc étiré comme un élastique, jusqu'à ce que vos membres se déchirent. Imaginons néanmoins, dans l'intérêt du récit, que vous puissiez survivre à cette terrible *spaghettification*.

La première étape remarquable du voyage serait le passage de la photosphère, une région très particulière où la lumière est trop proche du trou noir pour pouvoir s'échapper, mais trop éloignée pour tomber dedans. Telle la Lune en orbite autour de la Terre, les rayons lumineux qui s'y trouvent voyagent inlassablement autour du trou noir, formant une sphère de lumière piégée.

Interrompez ici votre chute, le temps de profiter de la vue : vous aurez la chance unique d'admirer, en face de vous... l'arrière de votre tête ! La lumière qui s'y réfléchit pourrait en effet parcourir une boucle autour du trou noir pour arriver jusque dans vos yeux.

Ô, temps ! suspends ton vol

Poursuivant votre descente aux enfers, vous approchez du fameux horizon des événements : vous êtes alors sur le point de devenir l'éternel prisonnier des entrailles du trou noir. De votre point de vue, rien de particulier ne se passe en traversant ce cap. C'est du point de vue d'un astronaute survolant le trou noir que la vue serait assez inhabituelle.

La lumière que vous renvoyez vers l'extérieur met de plus en plus de temps à s'extirper de l'attraction du trou noir, et arrive en retard du point de vue de l'astronaute. Votre chute lui paraîtrait de plus en plus lente à mesure que vous vous approchez de l'horizon, jusqu'à se suspendre au moment où vous y pénétrez, vos dernières lueurs mettant un temps quasi infini pour lui parvenir. Et luttant contre le champ gravitationnel, la lumière perd également de l'énergie, ce qui fait diminuer sa fréquence. Ainsi, l'astronaute verrait le blanc vif de votre combinaison spatiale virer au rouge diffus, puis devenir complètement invisible à l'œil nu. La dernière image de vous serait donc figée pour l'éternité, mais parfaitement invisible pour des yeux humains.

Dans le ventre du trou noir

Vous avez désormais franchi l'horizon fatidique, qui vous sépare à jamais du reste de l'Univers. Que se passe-t-il maintenant ? Entrez-vous dans une cinquième dimension, comme l'imagine Christopher Nolan dans *Interstellar* ? Par définition de l'horizon, il vous est impossible d'envoyer le moindre signal vers l'extérieur pour raconter ce que vous vivez. Personne ne sait donc ce qui se passe au-delà, mais les calculs de Schwarzschild nous donnent quelques indices.

En s'approchant du trou noir, l'écoulement du temps a ralenti jusqu'à se figer complètement au niveau de l'horizon. Mathématiquement, quelque chose d'assez renversant se produit ensuite : le temps et l'espace inversent leurs rôles au passage de l'horizon. L'espace-temps devient une sorte de « temps-espace » !

Qu'est-ce que cela signifie ? Sur Terre comme sur la Lune, l'écoulement du temps est inexorable : personne ne peut l'arrêter ou rebrousser chemin (voyager vers le passé). À l'intérieur du trou noir, c'est la chute vers le centre qui acquiert ce caractère inexorable : on ne peut l'interrompre ou rebrousser chemin. L'écoulement du temps est remplacé par l'écoulement de l'espace : le centre attire irrésistiblement tout ce qui franchit l'horizon, et concentre toute la matière du trou noir en un seul point de taille nulle et de densité infinie, la **singularité**.

Couvrez cette singularité que je ne saurais voir

Terminus, tout le monde descend : vous voilà parvenu au centre du trou noir. Que se passe-t-il maintenant ? Les physiciens sont dans l'embarras face à la singularité qui s'y trouve, car une quantité mesurable comme la densité ne peut en principe pas être infinie. C'est ce qui fit dire à Einstein, dans un article de 1939, que les trous noirs ne peuvent pas exister !

Les mathématiciens ne sont guère plus avancés, car la solution de Schwarzschild indique une courbure infinie de l'espace-temps. Mais en mathématiques, certaines singularités sont plus problématiques que d'autres. Au niveau de l'horizon des événements, la solution de Schwarzschild, qui décrit l'espace-temps du point de vue d'un observateur loin du trou noir, donne l'impression que le temps ne s'écoule plus. Mais du point de vue du voyageur tombant dans le trou noir, le temps continue à s'écouler normalement au moment de franchir l'horizon. L'horizon est une « fausse » singularité : on peut l'éliminer par un changement de point de vue.

En revanche, la singularité au centre du trou noir est une « vraie » singularité, une qui ne peut être éliminée, et les mathématiciens essaient encore aujourd'hui de comprendre sa nature.

Parmi les plus renommés d'entre eux, on trouve le Britannique Roger Penrose, qui démontra en 1965 un célèbre théorème portant sur la formation de telles singularités – il en fut récompensé par le prix Nobel de physique en 2020. En 1969, il énonça également une importante conjecture, dite de « censure cosmique ». Elle stipule qu'une « vraie » singularité ne peut être « nue » ; elle doit se cacher sagement à l'intérieur d'un horizon, afin de préserver la cohérence de l'Univers.

TROUBLANTS TROUS NOIRS

Les trous noirs ne sont pas uniquement des objets fascinants pour notre imagination et nos yeux. S'ils occupent une place aussi importante en physique, c'est parce qu'ils présentent des propriétés remarquables qui ébranlent notre compréhension la plus fondamentale des lois de la nature.

Le théorème de calvitie

Après votre plongeon vers la singularité, la réalité des trous noirs vous paraît sûrement tirée par les cheveux. Pourtant, les trous noirs sont chauves ! Le **théorème de calvitie**, démontré par le cosmologue Werner Israel en 1967, affirme qu'un trou noir est uniquement défini par deux grandeurs physiques : sa masse et sa rotation. Tous les autres « poils » qui pourraient le caractériser sont comme effacés par l'horizon des événements.

Ceci pose un problème important en physique, connu sous le nom de **paradoxe de l'information**. Imaginez qu'on lance une encyclopédie dans un trou noir. Une fois qu'elle traverse l'horizon, toute l'information qui y était contenue est détruite à tout jamais. Or, on le sait tous : rien ne se perd, rien ne se crée… tout se transforme !

La physique quantique nous indique que ce principe sacro-saint, énoncé par le chimiste français Antoine Lavoisier au XVIIIe siècle, s'applique aussi bien à la matière qu'à *l'information*. Même si vous brûliez l'encyclopédie, son information serait encore là, quelque part dans l'Univers, sous la forme de cendres et de lumière. Bien qu'il soit extrêmement difficile de déchiffrer ces résidus pour accéder à l'information de l'encyclopédie, c'est en théorie possible et l'information est intacte.

En revanche, lorsque l'encyclopédie tombe dans le trou noir, aucun résidu ne flotte dans l'Univers. D'après le théorème de calvitie, la perte est irrémédiable : les deux « poils » du trou noir ne pourront jamais garder trace de toute l'information que l'encyclopédie contient !

L'évaporation des trous noirs

On pourrait objecter que l'information de l'encyclopédie n'a pas réellement disparu de l'Univers : elle est hors de notre portée, mais elle est encore là, cachée derrière l'impénétrable horizon. C'est sans compter un étrange phénomène découvert par l'illustre astrophysicien anglais Stephen Hawking : le **rayonnement de Hawking**.

Ce dernier nous dit que les trous noirs ne sont pas éternels : ils « s'évaporent » lentement, en émettant non pas de la vapeur d'eau, mais de la lumière. Si les trous noirs sont appelés à disparaître, et s'ils ne peuvent « rendre » l'information qu'ils contiennent, on peut affirmer qu'on va perdre pour de bon notre encyclopédie.

En combinant le théorème de calvitie et le rayonnement de Hawking, on aboutit donc à une sévère violation du principe de conservation de l'information : notre encyclopédie est d'abord engloutie, puis recrachée dans l'Univers sous une forme qui n'en garde aucune trace. L'explication la plus célèbre de ce paradoxe, proposée en 1993 par le prix Nobel néerlandais Gérard 't Hooft sous le nom de **principe holographique**, suggère que l'encyclopédie reste en fait imprimée comme un hologramme à la surface du trou noir. Elle est ensuite restituée sous une autre forme lors de l'évaporation. Mais à l'heure où est écrit ce livre, le paradoxe de l'information n'a toujours pas été résolu rigoureusement.

Des tornades spatio-temporelles

Revenons au théorème de calvitie, qui affirme qu'un trou noir est uniquement défini par sa masse et sa rotation. Comment un objet aussi immatériel qu'un trou noir peut-il être en rotation ? Souvenez-vous, les trous noirs se forment des restes d'étoiles lourdes. Or, tout comme la Terre, les étoiles tournent sur elles-mêmes. Lorsqu'elles s'effondrent, leur rotation ne faiblit pas : au contraire, elle s'accentue, comme lorsqu'un patineur ramène les bras le long du corps.

Le trou noir résultant ne se contente plus uniquement d'aspirer les objets qui l'entourent : il les entraîne d'abord dans un infernal tourbillon. On ne parle plus d'un trou noir de Schwarzschild, mais d'un trou noir de Kerr, du nom du mathématicien néo-zélandais **Roy Kerr** qui trouva cette nouvelle solution de l'équation d'Einstein en 1963.

Un trou noir de Kerr est en rotation autour d'un axe, ce qui cause l'apparition d'une nouvelle région remarquable, appelée **ergosphère**. On a vu qu'au niveau de l'horizon des événements, on ne peut plus nager à contre-courant pour s'éloigner du trou noir ; de même, au niveau de l'ergosphère, on ne peut nager à contresens du vortex !

Extraire l'énergie d'un trou noir

Comment les descendants des humains s'alimenteront-ils en énergie, une fois venu l'âge des trous noirs où les dernières étoiles seront éteintes ? En 1969, Penrose proposa une solution pour le moins surprenante : utiliser les trous noirs comme source d'énergie renouvelable. Aujourd'hui appelée **processus de Penrose**, cette idée semble impossible à mettre en pratique, mais elle mérite l'attention du lecteur féru de science-fiction.

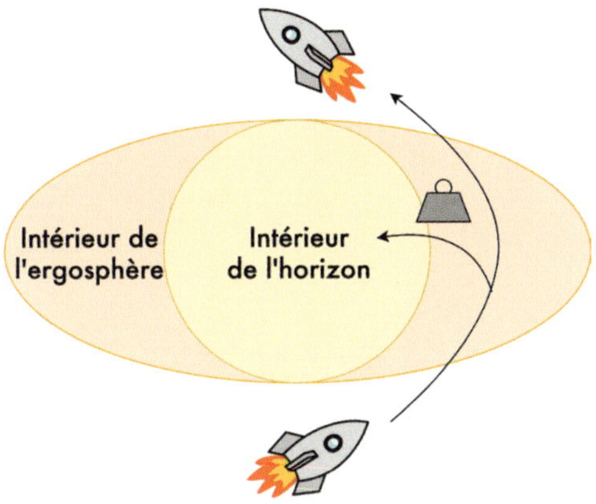

Le processus de Penrose en image : la fusée augmente sa vitesse lors de son passage dans l'ergosphère en larguant un poids dans le trou noir.

L'idée est d'extorquer de l'énergie au trou noir en envoyant une navette spatiale faire un aller-retour dans l'ergosphère. Dans cette périlleuse région de l'espace-temps, la navette peut être accélérée par le tourbillon du trou noir, tout en restant suffisamment loin de l'horizon pour ne pas être capturée. Elle peut ensuite s'échapper en lâchant du lest, comme dans une des scènes finales du film *Interstellar*. À la sortie de l'ergosphère, la navette a plus de vitesse que lors de son entrée : elle a volé au trou noir une partie de son énergie de rotation.

Bien sûr, la rotation du trou noir finirait par ralentir au bout d'un certain nombre de voyages dans l'ergosphère. Nos descendants pourraient cependant raviver la rotation du trou noir en y lançant des objets lourds, comme on « alimente » une toupie en tirant sur sa corde !

UNE BOMBE COSMIQUE

Le processus de Penrose pourrait-il être exploité par une civilisation malveillante pour créer une super-arme cosmique ? En théorie, oui, si l'avancement technologique de cette civilisation lui permettait de construire un gigantesque miroir sphérique autour d'un trou noir sans tomber dedans. L'idée démoniaque serait d'y piéger des rayons de lumière, qui gagneraient de l'énergie au fil de leurs rebonds et passages dans l'ergosphère. La lumière pourrait ensuite être libérée sous la forme d'un faisceau destructeur en perçant un trou dans le miroir… Ou pire, laissée prisonnière jusqu'à l'explosion de la mégastructure.

DES P'TITS TROUS, ENCORE DES P'TITS TROUS…

Les trous noirs ne sont pas les seules déchirures de l'espace-temps. Nous leur avons imaginé des parents proches, des « trous » plus étranges encore. Contrairement aux trous noirs, les trous blancs et les trous de ver, car c'est d'eux qu'il s'agit, n'ont jamais été observés, directement ou indirectement, et appartiennent autant à la science qu'à la science-fiction.

De l'autre côté d'un trou noir

Un trou noir est défini par une frontière, l'horizon des événements, qui isole son intérieur du reste de l'Univers et ne peut être traversé que de l'extérieur vers l'intérieur. Comme son nom le suggère, un **trou blanc** est, pour ainsi dire, l'opposé exact d'un trou noir.

Là où le trou noir est un puits, le trou blanc est une fontaine : il possède lui aussi un horizon des événements, mais ce dernier ne peut être traversé que de l'intérieur vers l'extérieur. Le trou blanc repousse tout ce qui s'approche de lui si intensément que rien ne peut y pénétrer, pas même la lumière ! À l'inverse d'un trou noir, il dégagerait donc un flux important de matière et de lumière.

Si les trous blancs sont des solutions exactes de l'équation d'Einstein, au même titre que les trous noirs, la communauté scientifique s'accorde sur le fait qu'ils ne sont que cela : ils n'existent probablement pas. Contrairement aux trous noirs, aucun mécanisme crédible de formation de trous blancs n'a été proposé à ce jour : même si on peut « inverser » *mathématiquement* un trou noir, on ne peut comprendre *physiquement* ce que serait l'inverse de l'effondrement d'une étoile massive.

Néanmoins, les mystères non résolus de notre Univers nous encouragent à laisser libre cours à notre imagination. Et si le *Big Bounce*, potentiellement à l'origine de notre Univers, était l'œuvre d'un trou blanc, recrachant les restes d'un Univers effondré ? Les paris sont ouverts.

Traverser un trou de ver

Imaginés pour la première fois en 1935 par Albert Einstein et son élève Nathan Rosen, les trous de ver sont les tunnels spatio-temporels de l'Univers : ils permettent de relier deux endroits de l'espace-temps en créant un raccourci. Ces objets ont grandement inspiré la science-fiction : ils sont, à nouveau, au cœur du film *Interstellar*, dont les protagonistes cherchent à échapper à une Terre devenue invivable en traversant un trou de ver apparu près de Saturne. On peut également citer le film *Contact*, réalisé en 1997 par Robert Zemeckis et adapté d'un roman écrit par l'astronome Carl Sagan, où le trou de ver est construit sur Terre d'après les plans fournis par une lointaine civilisation extraterrestre[7].

7. L'outil permettant à l'héroïne de communiquer avec les extraterrestres n'est autre que le télescope Arecibo, basé sur l'île américaine de Porto Rico où le film fut tourné. Cette struc-

Pour comprendre le principe d'un trou de ver, reprenons l'image de la feuille de papier pour représenter l'espace-temps. Pour voyager du coin en bas à droite de la page que vous lisez jusqu'au coin en haut à droite, il faut se déplacer dans l'espace et le temps, potentiellement très loin et très longtemps si ces deux points sont distants. Mais souvenez-vous d'une chose : l'espace-temps peut se courber, comme la feuille de papier !

Qu'est-ce qui vous empêche, pour raccourcir le chemin, de plier la feuille de telle sorte que ces coins viennent se toucher, permettant un trajet immédiat de l'un à l'autre ? En principe, rien. C'est pourquoi l'existence de ces trous de vers est encore prise très au sérieux : il existe de nombreux modèles théoriques pour les décrire, dont certains suggèrent qu'ils prendraient la forme d'un tunnel à sens unique, menant d'un trou noir vers un trou blanc.

Néanmoins, en pratique, il semble peu probable que les trous de vers puissent être traversés en raison de leur instabilité : les murs du tunnel auraient tendance à s'effondrer dès lors qu'on y pénètre. La seule possibilité pour repousser les murs serait d'utiliser de la matière de masse négative, mais cette dernière n'a encore jamais été observée.

---

ture géante, accueillant également le tournage d'un *James Bond*, suscita l'émoi lors de son effondrement en novembre 2020.

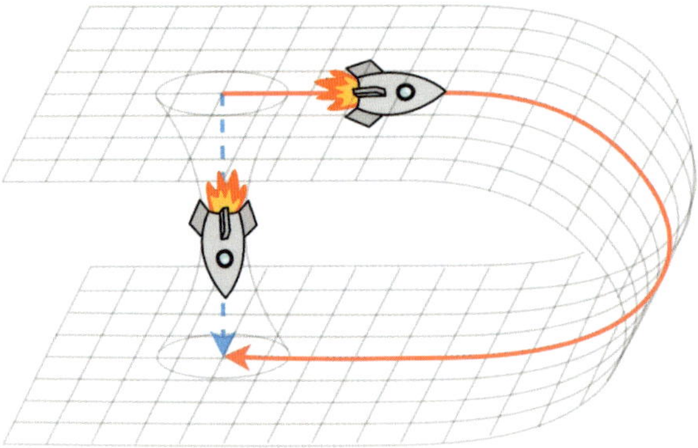

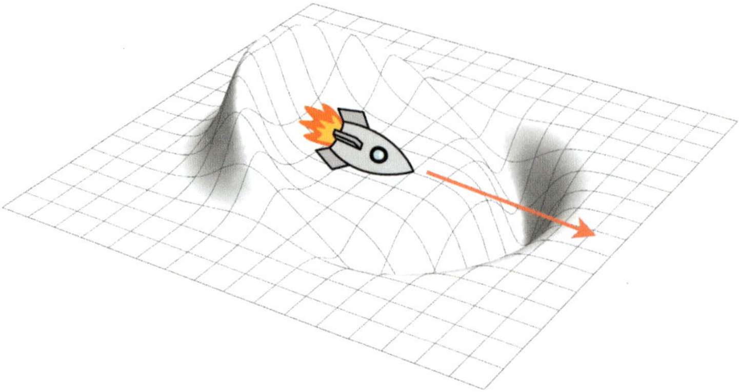

Deux possibilités pour voyager plus vite que la lumière. En haut : un trou de ver, ou pont d'Einstein-Rosen, connectant deux régions éloignées de l'espace-temps (trajectoire en rouge) par un raccourci (trajectoire en bleu). En bas : la propulsion Alcubierre, qui déforme l'espace-temps à l'avant et à l'arrière du vaisseau pour former une sorte de vague.

On l'aura compris, le mystère des trous de ver n'est pas près d'être percé. Ils ne sont pour l'instant qu'un concept fascinant, qui, peut-être un jour, à l'image des trous noirs, se matérialisera dans le ciel.

VOYAGER PLUS VITE QUE LA LUMIÈRE

Serait-il possible de voyager plus vite que la lumière, comme le permet le *Warp Drive* du vaisseau *Enterprise de Star Trek* ? C'est la question que se posa très sérieusement, en 1994, le physicien mexicain Miguel Alcubierre. Ce fan de science-fiction imagina un stratagème mathématique pour dépasser la vitesse limite sans contredire la relativité restreinte.

Nous avons déjà rencontré une vitesse plus grande que celle de la lumière plus tôt dans ce livre : celle à laquelle s'éloignent les galaxies distantes les unes des autres. Ce phénomène est possible, car il n'est pas dû à un mouvement des galaxies elles-mêmes, mais à l'expansion de l'espace qui les sépare. L'idée d'Alcubierre est de recréer un phénomène similaire autour d'un vaisseau spatial, en contractant l'espace à l'avant du vaisseau et en dilatant l'espace à l'arrière. Le vaisseau surferait alors sur une sorte de vague spatio-temporelle (voir figure précédente) et pourrait ainsi dépasser la vitesse de la lumière..

Comme le trou de ver, la **propulsion Alcubierre** est bel et bien autorisée par la relativité générale, mais requiert l'existence d'une matière de masse négative. Cet élixir inconnu, aux propriétés décidément miraculeuses, pourrait même permettre de remonter le temps ! Si son existence paraît pour le moins improbable, cela n'a pas empêché la U.S. Military de se pencher sur la question en 2008...

CHAPITRE 8

LES ONDES GRAVITATIONNELLES

UNE RENCONTRE DE GÉANTS

Arrivé au dernier chapitre de ce voyage, le lecteur n'a sûrement plus besoin qu'on lui prouve l'élasticité de l'espace-temps. Ses manifestations sont tangibles : il s'étend entre les galaxies, se creuse autour des objets lourds, jusqu'à se percer au cœur des trous noirs. S'il est à ce point ductile, qu'est-ce qui l'empêcherait de vibrer et de propager des ondes, comme la surface d'un étang ? C'est encore et toujours le père de la relativité générale, Albert Einstein, qui en eut l'idée pour la première fois, en 1916.

Quand l'espace-temps oscille

Comme leur nom l'indique, les **ondes gravitationnelles** sont avant tout des ondes, c'est-à-dire la propagation de la déformation d'un milieu. Des ondes, nous en avons déjà rencontré au cours du premier chapitre, des vagues qui parcourent l'étang en déformant la surface de l'eau, aux ondes sonores qui se propagent dans une salle de concert en déformant les couches d'air. Mais alors, comment se propagent les ondes gravitationnelles ? Vous l'aurez peut-être deviné, le milieu à travers lequel les ondes gravitationnelles se déplacent est l'espace-temps *lui-même*.

Comme nous l'avons expliqué au chapitre 4, l'espace-temps est la trame de l'Univers dans lequel nous évoluons, ainsi que les étoiles et les galaxies. C'est une surface quadridimensionnelle qui n'est pas aussi tangible que la surface de l'eau puisque nous ne pouvons la toucher ou la voir, mais dont la courbure régit le mouvement des astres qu'il contient. Réciproquement, cette surface est déformée par la présence de ces astres, donnant lieu à ce que nous appelons la gravité. Ces déformations sont très similaires aux déformations de la surface de l'eau.

Les ondes gravitationnelles sont des oscillations de l'espace-temps. Une conséquence de la relativité générale est que ces ondes se déplacent à la même vitesse que la lumière, c'est-à-dire très vite. Autre fait remarquable : les ondes gravitationnelles ne sont pas influencées par les objets qu'elles rencontrent sur leur trajet. Ce n'est pas le cas des autres ondes que nous avons rencontrées : les digues bloquent les vagues, les murs bloquent les sons et les miroirs renvoient la lumière.

La secousse originelle

Toute onde est créée par une secousse originelle. Il suffit de lancer un caillou dans l'étang pour créer des vaguelettes. Les ondes gravitationnelles, elles, sont causées par la présence de masses accélérées. En ce sens, elles diffèrent des vagues.

Imaginons un bateau se déplaçant à vitesse constante à la surface de l'eau : de part et d'autre de son sillage naissent des vagues qui s'éloignent progressivement. Ce bateau n'accélère pas, et pourtant, les vagues sont là. Ce n'est pas le cas pour les ondes gravitationnelles : un vaisseau spatial voyageant dans l'espace en ligne droite à vitesse constante ne laisserait aucune trace de son passage. Mais si ce vaisseau accélérait, il créerait des ondes gravitationnelles se propageant dans toutes les directions, et pas seulement dans son sillage.

À LA RECHERCHE DU GRAVITON

Qui dit onde, dit particule : cet adage est à la base de la physique quantique. Il s'illustre parfaitement dans le cas de la lumière : aux ondes électromagnétiques, on associe une particule, le photon. Un exemple moins connu est celui du **phonon**, particule associée aux vibrations dans les cristaux, assimilables aux ondes sonores.

La théorie de la relativité générale prévoit l'existence d'ondes gravitationnelles, à laquelle on a donc envie d'associer une particule : le **graviton**. Cette particule n'a pourtant jamais été observée, et son existence fait l'objet de vifs débats entre spécialistes de la théorie des cordes, dans leur épique quête d'une théorie qui réconcilierait relativité générale et physique quantique.

Ainsi, les ondes gravitationnelles naissent de l'accélération d'un objet massif. Cependant, elles sont habituellement de très faible amplitude, et pour qu'elles deviennent perceptibles, il faut un objet très massif qui accélère très fort. C'est pourquoi il a fallu attendre si longtemps avant d'observer des ondes gravitationnelles : même l'imposant Star Destroyer de *Star Wars* et son inimaginable capacité d'accélération ne pourraient pas s'approcher des conditions nécessaires.

Néanmoins, il existe, dans l'Univers, un environnement particulièrement propice à l'émission d'ondes gravitationnelles, mettant en scène les objets les plus massifs et les accélérations les plus fortes qui puissent exister. Le chapitre précédent l'illustre : le trou noir est le théâtre privilégié des événements les plus extrêmes de la relativité générale. Et pour créer des ondes gravitationnelles, il ne faut pas un trou noir, mais deux.

La coalescence des trous noirs

Comment se déroule la rencontre entre deux trous noirs ? Les deux géants commencent par tourner l'un autour de l'autre pour former ce qu'on appelle un **trou noir binaire**. Au lieu de rester à égale distance l'un de l'autre comme le font les planètes, les trous noirs sont si massifs qu'ils perdent de l'énergie en émettant des ondes gravitationnelles.

Ils se rapprochent alors l'un de l'autre en décrivant une spirale. Plus ils se rapprochent, plus ils accélèrent, et plus les ondes gravitationnelles émises sont intenses, les poussant à se rapprocher encore plus vite. Cet infernal crescendo prend fin lorsque les deux trous noirs sont assez proches pour que leur horizon des événements se touche. Ils fusionnent alors soudainement pour former un seul et même trou noir, concluant leur **coalescence**.

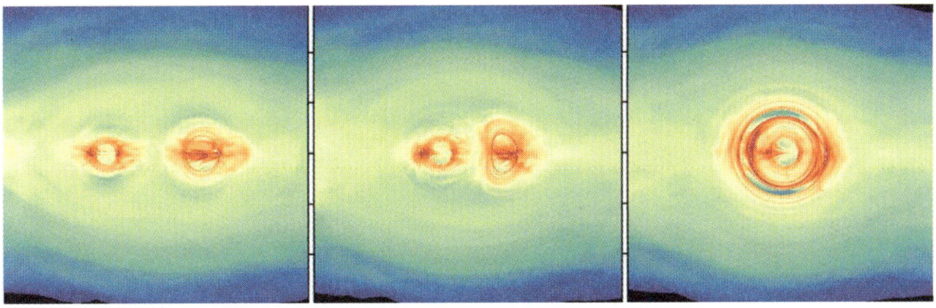

Le ballet de deux trous noirs entourés de leur disques de matière, simulé par une équipe de la NASA. Lorsque l'un des trous noirs passe devant l'autre (image de droite), on observe un superbe effet de lentille gravitationnelle.

L'ultime fraction de seconde avant la fusion représente une des scènes les plus violentes que l'on puisse imaginer. Les trous noirs y atteignent des vitesses proches de celle de la lumière, tandis que l'intensité et la fréquence des ondes gravitationnelles montent en flèche. Si ces ondes étaient des sons, on entendrait un bruit bref et ascendant, que les astronomes appellent un piaillement d'oiseau (*chirp* en anglais). La puissance dégagée lors de la fusion est plus intense que celle émise par l'ensemble des étoiles de l'Univers observable réunies ! Ce n'est pas une onde, mais un véritable tsunami gravitationnel qui est relâché dans l'espace.

L'énergie contenue dans ces ondes est puisée directement dans la masse des deux trous noirs : un peu comme lors de la fusion nucléaire, où deux noyaux atomiques se combinent, la masse du trou noir résultant est sensiblement plus faible que la somme des masses des trous noirs qui fusionnent. La masse manquante est intégralement libérée sous forme d'énergie, et transportée par les ondes gravitationnelles.

LES PHARES DU COSMOS

Pour qu'un système binaire donne lieu à des ondes gravitationnelles, et donc à une coalescence, il faut qu'il soit formé de deux objets très lourds. C'est le cas des trous noirs, mais on peut observer un phénomène similaire pour un système binaire formé de deux **pulsars**. Un pulsar, c'est une étoile à neutrons (voir chapitre précédent) qui émet un faisceau de lumière très puissant et concentré. Du fait de sa rotation, on en reçoit sur Terre des flashs lumineux à intervalles très réguliers, comme lorsqu'on observe un phare depuis la mer.

En émettant des ondes gravitationnelles, le binaire de deux pulsars perd de l'énergie et tourne de plus en plus vite. On peut observer cet effet sur Terre par l'évolution de la fréquence des flashs lumineux ; elle fut pour la première fois mise en évidence en 1979 par l'astrophysicien américain Russel Hulse et son étudiant Joseph Taylor. Leur découverte donna la première preuve indirecte de l'existence d'ondes gravitationnelles et leur rapporta le prix Nobel de physique en 1993, bien avant l'observation directe de ces ondes.

LES INTERFÉROMÈTRES GÉANTS

Les coalescences de trous noirs sont des événements rares et lointains : la première à avoir été détectée se déroula à un milliard d'années-lumière de la Terre. L'énergie contenue dans les ondes gravitationnelles qui en découlent a beau être colossale, elle s'atténue avec la distance, et les détecter depuis la Terre s'apparente à écouter un murmure provenant de la Lune. Pour entendre aussi loin, il a fallu construire les oreilles les plus sensibles du monde : les interféromètres géants.

Le retour de l'interférométrie

Avant de décrire les interféromètres qui nous servent actuellement à écouter les soubresauts de l'espace-temps, rappelons le principe de l'interférométrie, qui remonte à l'expérience de Michelson et Morley en 1881, racontée au premier chapitre de ce livre.

Un interféromètre est un appareil muni de deux bras perpendiculaires de même longueur, permettant de mesurer de manière très précise la différence de temps que mettrait la lumière à parcourir un aller-retour le long des deux bras. En ce qui concerne l'expérience Michelson et Morley, le but du dispositif était de mettre en évidence une éventuelle différence de vitesse de la lumière, mais comme nous l'avons vu, le résultat fut négatif : la lumière se propage à la même vitesse dans toutes les directions...

Alors, quel peut être l'intérêt d'un tel dispositif ? Et surtout, quel rapport avec les ondes gravitationnelles ? Comme nous l'avons expliqué, une onde gravitationnelle est une vague dans l'espace-temps. Lors de son passage, tous les objets en présence sont contractés puis dilatés, de la même manière qu'un bateau se soulève et s'abaisse au passage d'une vague.

Concrètement, les bras de l'interféromètre se raccourcissent puis s'allongent lorsque l'onde traverse la Terre. Mais comme ils sont perpendiculaires, ils ne sont pas affectés au même moment, et pendant un certain temps, les deux bras ne mesurent plus exactement la même longueur ! Leur différence de longueur est ridiculement petite – et heureusement pour nous, car l'onde traverse notre corps tout autant que l'interféromètre. Mais pour les physiciens, détecter cette différence demande une précision inouïe, infiniment supérieure à celle de l'interféromètre de Michelson et Morley, dont les bras mesuraient une dizaine de mètres chacun. Il faut donc voir les choses en grand et allonger les bras de manière conséquente.

Des États-Unis à la Toscane

Construire un interféromètre géant, c'est exactement le pari que s'est lancé la collaboration LIGO (Laser Interferometer Gravitational-Wave Observatory). Et pas qu'un seul ! Si un unique interféromètre suffit pour détecter l'onde, il en faut plusieurs pour pouvoir localiser la source des ondes dans le ciel : difficile de savoir d'où vient un son avec une seule oreille !

C'est ainsi que la collaboration LIGO bâtit les deux premiers interféromètres géants sur le sol américain (l'un dans l'État de Washington, l'autre en Louisiane) dans les années 1990, après de longues luttes pour obtenir les financements nécessaires. La collaboration européenne Virgo apporta également sa pierre à l'édifice en construisant un troisième interféromètre en Italie, près de Pise.

Ces trois interféromètres géants méritent leur nom, car leurs bras mesurent près de 4 kilomètres ! Ils sont pourtant capables de mesurer leur différence de longueur à 10^{-18} mètres près, soit un milliardième de la taille d'un atome. En rapportant cet écart à la longueur des bras, c'est équivalent à mesurer la distance Terre-Soleil à la taille d'un atome près !

Les trois interféromètres géants de la collaboration LIGO-Virgo, dans l'État de Washington (1), en Louisiane (2) et en Toscane (3).

Pour atteindre une telle précision, les physiciens durent isoler autant que possible les miroirs se trouvant au bout des bras du bruit ambiant. Les interféromètres étant posés sur le sol, ils sont sensibles à ses moindres frémissements, qu'ils soient causés par des microséismes ou par le passage d'un tracteur dans une ferme avoisinante. L'interféromètre Virgo est assez sensible pour « entendre » les vagues déferler sur la côte méditerranéenne depuis la Toscane ! Une structure appelée « super atténuateur » permet d'éviter ces perturbations.

Autre prouesse : les deux bras kilométriques sont formés d'un bout à l'autre de tubes à vide, car la présence de molécules d'air suffirait à altérer le trajet de la lumière. Ces interféromètres ont besoin du silence absolu pour entendre les murmures de l'espace-temps.

Une détection historique

Grâce à ces prouesses technologiques, la collaboration LIGO-Virgo a pu détecter pour la première fois une onde gravitationnelle le 14 septembre 2015, après une bonne décennie d'échecs. Cet événement sensationnel, baptisé GW150914 en référence à sa date, fut un nouveau trophée pour la théorie d'Albert Einstein.

Les chercheurs et ingénieurs impliqués dans le projet eurent la prudence de ne pas crier victoire trop vite : personne d'extérieur à la collaboration ne fut informé de l'événement jusqu'à l'annonce officielle de la découverte, le 16 février 2016. Pendant ces cinq mois, les chercheurs vérifièrent le bon fonctionnement de leurs appareils, répétèrent leurs calculs des centaines de fois, et prirent mille autres précautions afin de s'assurer que le frissonnement enregistré sur leurs écrans correspondait bien à ce qu'ils espéraient.

Grâce à leur travail minutieux et à celui de nombreux théoriciens, nous sommes en mesure de comprendre très précisément l'événement dont on a mesuré l'écho ce jour-là. Il s'agit de la fusion de deux trous noirs se situant à 1,3 milliard d'années-lumière de la Terre. Cela implique que l'onde résultante a voyagé pendant 1,3 milliard d'années avant d'effleurer notre planète. Les deux trous noirs en question, respectivement 36 et 29 fois plus lourds que le Soleil, ont virevolté l'un autour de l'autre pendant des millions d'années, et ont atteint 60 % de la vitesse de la lumière juste avant de fusionner. Ils donnèrent naissance à un trou noir 62 fois plus lourd que le Soleil, ce qui est inférieur à la somme de leurs masses : les trois Soleils manquants furent libérés sous forme d'ondes gravitationnelles, confirmant à grande échelle l'autre grande loi d'Einstein : $E=mc^2$!

Si cette détection est aussi historique, c'est aussi parce que GW150914 est la première preuve directe de l'existence des trous noirs, quatre ans avant l'image dévoilée par l'Event Horizon Telescope. Elle confirme la relativité générale : le piaillement d'oiseau enregistré s'accorde parfaitement avec les prédictions théoriques, issues notamment des travaux de deux pionniers français, Luc Blanchet et Thibault Damour.

L'événement et ses répercussions scientifiques valurent, sans surprise, le prix Nobel de physique de 2017 à trois acteurs majeurs de la détection : Rainer Weiss, Barry Barish et Kip Thorne.

DES BOUÉES COSMIQUES

Mentionnons brièvement, pour la beauté de l'idée, une autre méthode de détection d'ondes gravitationnelles qui se base à nouveau sur les pulsars, ces phares du cosmos. L'idée pourrait s'illustrer ainsi : disposez un ensemble de bouées flottantes sur la mer. À l'arrivée d'une vague, les bouées montent et descendent les unes après les autres, trahissant le passage de l'onde. Le même principe peut être utilisé pour détecter les ondes gravitationnelles : observer les remous d'un réseau de pulsars, dont les moindres mouvements sont détectables avec précision grâce à la régularité métronomique des flashs lumineux qu'ils nous envoient.

Cette méthode n'a pas encore donné de résultats, mais elle pourrait nous permettre de détecter à l'avenir des vagues spatio-temporelles de tailles bien plus importantes que celles que l'on entend aujourd'hui.

L'ASTRONOMIE MULTI-MESSAGER

La détection de GW150914 célébra glorieusement le centenaire de la première publication d'Albert Einstein sur la relativité générale, en couronnant sa théorie d'un énième succès. Mais la détection des ondes gravitationnelles représente bien plus que cela. Elle ouvre également une nouvelle page dans l'histoire de l'astronomie : celle de l'astronomie multi-messager.

Regarder le ciel

L'espace n'a pas d'odeur ni de goût. Il est vide, ce qui empêche le son de s'y propager. Parmi les cinq sens, le seul nous permettant de l'observer et de le comprendre est la vue. Nous sommes donc naturellement enclins à nous intéresser à la lumière. Après plusieurs milliers d'années de progrès scientifiques et techniques, nous sommes devenus maîtres dans l'art de comprendre la lumière, de la décortiquer pour en percevoir toutes les richesses, d'extraire et d'interpréter les informations qu'elle transporte.

Ce dernier point est peut-être le plus essentiel. Comment mesurons-nous la masse des astres lointains ? Grâce à nos télescopes, nous observons très précisément leur mouvement, et remontons à la valeur de leur masse grâce à nos lois du mouvement. Comment savons-nous que Pluton possède une fine atmosphère d'azote, où le thermomètre indique un glaçant -228°C ? Aucun objet fabriqué par l'homme n'y ayant atterri, nous n'avons jamais pu y placer un thermomètre. Mais depuis la Terre, nous savons décomposer la lumière que nous envoie Pluton et en déduire ces informations. Comme nous l'avons vu au chapitre 5, la lumière est un véritable code-barres astronomique, traduisant souvent sans ambiguïté la nature et les caractéristiques de sa source.

Écouter le ciel

L'astronomie moderne est donc d'une efficacité redoutable lorsqu'il s'agit de retirer des informations de la lumière. Mais les ondes lumineuses ne sont pas les seules ondes qui emplissent le ciel. Grâce à la révolution conceptuelle de la relativité générale et au perfectionnement technique des interféromètres géants de ce début de millénaire, nous savons aussi observer et décrypter les ondes gravitationnelles. Il s'agit là d'un tout nouveau type de signal. Là où la lumière est une oscillation électromagnétique, les ondes gravitationnelles sont des oscillations de l'espace-temps, la structure la plus intime de notre Univers.

La découverte de ces ondes si spéciales constitue un second sens pour l'astronomie, qui jusqu'alors se reposait uniquement sur les « super-yeux » des télescopes : aujourd'hui, nous pouvons « entendre » les secousses de l'Univers grâce aux « super-oreilles » des interféromètres géants.

Pourquoi est-ce révolutionnaire ? Premièrement, parce que certains événements sont plus faciles à observer par leurs émanations gravitationnelles que lumineuses : c'est le cas des coalescences de trous noirs lointaines. Deuxièmement, parce que dans certains cas, nous ne disposons tout simplement pas de lumière ! Comme nous l'avons expliqué dans la troisième partie de ce livre, l'Univers était parfaitement opaque entre le Big Bang et son 380 000e anniversaire. Ainsi, seules les ondes gravitationnelles peuvent nous parvenir de ces ténèbres primordiales.

LE PROJET LISA

Le célèbre télescope Hubble fut le premier à être envoyé au-delà de l'atmosphère terrestre en 1990. Pourra-t-on faire de même avec les interféromètres géants ? Étonnamment, la réponse est oui ! Prévue pour 2032, la mission spatiale LISA (pour Laser Interferometer Space Antenna) a pour but d'installer un interféromètre géant dans l'espace. Bien sûr, il est impossible d'y envoyer un objet aussi immense que les interféromètres terrestres de LIGO.

Par chance, les tubes à vide dont leurs bras sont formés ne sont plus nécessaires dans l'espace qui est déjà vide par nature. Ainsi, l'interféromètre spatial consistera en trois petits satellites en orbite autour du Soleil qui s'échangeront un rayon laser, et formeront un gigantesque triangle dont les bras mesureront quelque 2 millions de kilomètres. Viser une cible de quelques mètres à une telle distance, autant dire qu'il faut être précis ! Les dimensions exceptionnelles de cet instrument de mesure lui permettront de détecter des ondes gravitationnelles encore plus ténues que celles de GW150914, dans l'espoir fou d'entendre les secousses de l'espace-temps émises juste après le Big Bang.

Main dans la main

À l'image de l'œnologue qui ne se prive pas d'utiliser simultanément son nez et son palet pour analyser un grand cru, les astronomes ont tout intérêt à exploiter les ondes gravitationnelles de concert avec l'étude plus classique des ondes lumineuses. On parle dans ce cas **d'astronomie multi-messager**. Par chance, ces deux types d'ondes voyagent à la vitesse de la lumière et nous parviennent (presque) simultanément. Si les ondes gravitationnelles se propageaient à une vitesse légèrement différente, les incorporer dans l'analyse serait aussi difficile que de comprendre un film dont l'image et le son sont décalés de plusieurs minutes !

Cette nouvelle forme d'astronomie n'est pas qu'une perspective ; elle est déjà bien réelle. Le 17 août 2017, la collaboration LIGO/Virgo enregistra le passage d'une onde gravitationnelle résultant de la coalescence de deux étoiles à neutrons situées à 130 millions d'années-lumière de notre galaxie.

Les contreparties lumineuses de cette fusion furent quant à elles observées par plus de 70 laboratoires sur Terre, sondant tous les domaines de fréquence de la lumière. Un sursaut gamma, bref flash de rayons gamma dont nous avons décrit la nature au chapitre 6, fut observé au même moment par le télescope spatial Fermi. De son côté, le *Very Large Array*, énorme télescope terrestre basé au Nouveau-Mexique, enregistra une impulsion d'ondes radio. Enfin, le télescope spatial Hubble, qui s'intéresse au domaine visible de la lumière, photographia pendant près de quarante heures la **kilonova** résultant de la fusion (image suivante).

Deux années après la première détection d'ondes gravitationnelles, ce nouvel événement historique, baptisé GW170817, illustre la complémentarité des approches en astronomie et présage une compréhension encore plus aiguë de notre Univers. Grâce à lui, on peut affirmer que l'âge d'or de l'astronomie est devant nous.

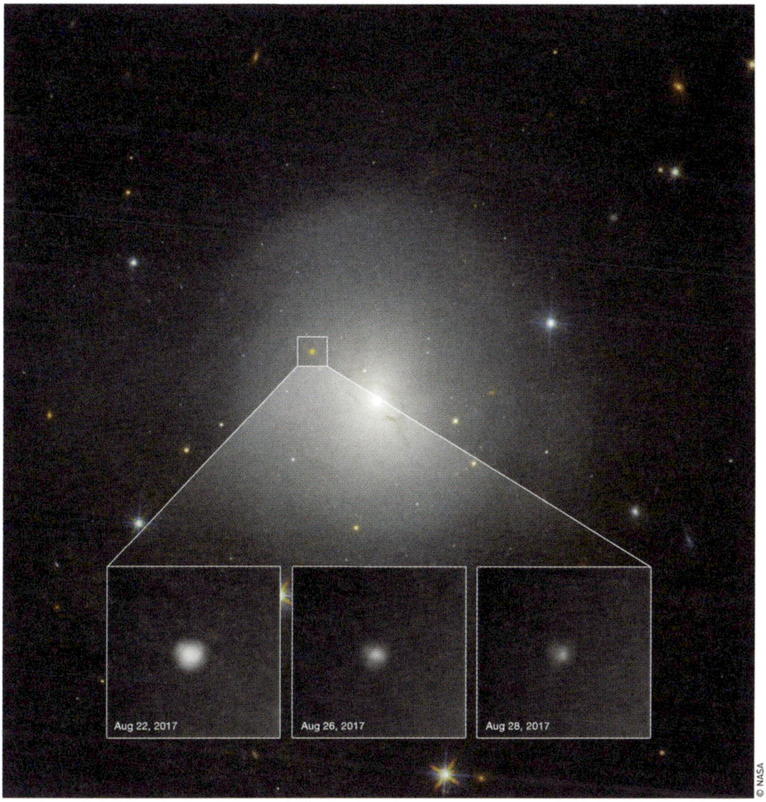

La kilonova résultant de la collision d'étoiles à neutrons GW170817, photographiée par Hubble. On la voit progressivement disparaître en l'espace de quelques jours.

CONCLUSION

Il est temps pour le lecteur à bout de souffle de revenir aux deux questions fondamentales qui ont motivé l'écriture de ce livre : qu'est-ce que l'espace ? Qu'est-ce que le temps ? Ces deux concepts, *a priori* immatériels et presque métaphysiques, prennent vie avec la relativité et entrent au cœur de la physique. L'espace n'est pas un tableau vierge sur lequel sont dépeintes les choses. Le temps n'est pas un flot universel, qui mène d'un passé unique vers un futur unique. Ils forment ensemble un objet malléable, incarné par le nom d'espace-temps. Ce dernier ne se contente pas de contenir les événements de l'Univers : il les orchestre, y réagit et s'anime de son propre gré. Il faut donc remplacer l'image d'un tableau lisse par celle d'une toile déformable et déformante.

Si l'espace-temps s'exprime à travers la gravité, peut-on aller jusqu'à dire que c'est une « chose » ? Manifestement, non : ce n'est pas une chose matérielle au même titre que le livre que vous tenez entre vos mains, qui occupe une position bien précise. Pourtant, ce livre est constitué d'atomes qui sont gouvernés par l'autre grand pilier de la physique, que nous n'avons mentionné que sporadiquement au cours de ce livre : la théorie quantique. Avec cette dernière, c'est la matière qui se dématérialise : les atomes ne sont pas des particules aux contours nets, mais des nuages diffus.

En somme, l'espace-temps et les objets qu'il contient sont différentes toiles qui se superposent pour former la réalité que l'on observe. Nous touchons ici aux confins de notre connaissance : ces toiles sont très bien décrites séparément par les deux grandes théories du XXe siècle – la relativité générale et la physique quantique –, mais elles ne font pas bon ménage pour l'instant.

Ainsi décrite, la nature peut sembler terriblement étrange, voire absurde, comme l'exprime le physicien Richard Feynman dans la citation qui ouvre ce livre. C'est pourtant cette absurdité qui est le moteur de la science. Elle encourage le physicien à agrandir son îlot de connaissance, à plonger loin de son rivage pour se baigner dans des eaux hostiles que nul n'a encore goûtées. Il est condamné à gagner du terrain sur un océan infini, comme Sisyphe poussant son rocher en haut de la colline pour le voir retomber aussitôt. Écoutons donc Camus, et imaginons le physicien heureux.

POUR ALLER PLUS LOIN

Des livres grand public

- *Une brève histoire du temps*, Stephen Hawking, Flammarion, Paris, 1989.
- *L'Ordre du temps*, Carlo Rovelli, Flammarion, Paris, 2018.
- *Comment je vois le monde*, Albert Einstein, 1949.
- *Flatland : fantaisie en plusieurs dimensions*, Edwin Abbott Abbott, 1884.
- *Discours sur l'origine de l'Univers*, Étienne Klein, Flammarion, Paris, 2010.
- *L'Écume de l'espace-temps*, Jean-Pierre Luminet, Odile Jacob, Paris, 2020.
- *L'Univers chiffonné*, Jean-Pierre Luminet, Fayard, Paris, 2001.

Des livres plus techniques

- *La Relativité*, Albert Einstein, 1920.
- *Qu'est-ce que la gravité ? Le grand défi de la physique*, Philippe Brax, Pierre Vanhove et Étienne Klein, Dunod, Paris, 2019.

Des livres encore plus techniques

- *General Relativity*, Robert Wald, The University of Chicago Press, 1984.
- *Gravitation*, Charles Misner, Kip Thorne, John Archibald Wheeler, Princeton University Press, 1973.

Des chaînes YouTube

- *Science étonnante* (en français).
- *ScienceClic* (en français).
- *PBS Space Time* (en anglais).
- *Kurzgesagt* (en anglais).
- *Veritasium* (en anglais).
- *Minute Physics* (en anglais).

INDEX